海洋百科丛书

迈向深海

深海观测知多少

张少伟 著

SPM 南方出版传媒

广东科技出版社 | 全国优秀出版社

·广州·

图书在版编目（CIP）数据

迈向深海：深海观测知多少 / 张少伟著. —广州：
广东科技出版社，2022.1
　（海洋百科丛书）
　ISBN 978-7-5359-7791-5

Ⅰ.①迈…　Ⅱ.①张…　Ⅲ.①深海—海洋监测—
青少年读物　Ⅳ.①P71-49

中国版本图书馆CIP数据核字（2021）第246588号

迈向深海——深海观测知多少
Maixiang Shenhai : Shenhai Guance Zhi Duoshao

出　版　人：严奉强
责任编辑：张远文　李　杨　彭秀清
责任校对：李云柯
责任印制：彭海波
绘　　　图：许嘉锹
出版发行：广东科技出版社
　　　　　（广州市环市东路水荫路11号　邮政编码：510075）
销售热线：020-37607413
http://www.gdstp.com.cn
E-mail: gdkjbw@nfcb.com.cn
经　　　销：广东新华发行集团股份有限公司
印　　　刷：广州一龙印刷有限公司
　　　　　（广州市增城区荔新九路43号1幢自编101房　邮政编码：511340）
规　　　格：889mm×1 194mm　1/16　印张7.5　字数150千
版　　　次：2022年1月第1版
　　　　　2022年1月第1次印刷
定　　　价：78.00元

序一

"工欲善其事,必先利其器。"深海观测是以海洋科学研究、海洋经济可持续发展为目标,以传感器、海洋装备与观测系统为手段,以海上试验、数据采集为实践的学科。随着国家强国战略的实施和海洋技术实力的提升,迈向深远海迫在眉睫,亟待培养一批热爱海洋、有志于投身海洋事业的青少年。

本书作者结合深海探测最新研究成果及国内外发展现状,从海洋传感器、技术装备、组网观测等方面进行了深入浅出的科普介绍。从空间尺度上,分别介绍了海表浮标、水体潜标、海底观测网的新技术;从时间尺度上,讲述了移动自主观测、固定基浮标与潜标、海底观测站新技术;从系统集成上,阐述了拖缆、水下航行器、浮标基海洋观测系统等,并展示了这些装备的组网观测场景。本书内容不仅覆盖了主流的深海观测技术,而且介绍了全球深海观测的前沿技术及应用场景。

本书内容生动翔实,图片清晰,可作为青少年儿童科普海洋知识的读物。

吴时国

中国科学院深海科学与工程研究所

序二

中国是一个海洋大国。从古至今，中国人探索海洋的脚步从未停止。

众所周知，海洋占地球面积71%，水深平均3 795米，水量约占全球的97%，是地球气候系统最重要的组成部分，具有丰富的渔业、能源、矿产等资源，是国际海运渠道和载体，也是海洋旅游、化工、药物、养殖等海洋产业的基础。但是，受海啸、台风、厄尔尼诺、拉尼娜、赤潮及其他异常海洋现象的影响，包括我国在内的世界各国人民经常遭受巨大的经济和人员伤亡等损失。

建设海洋强国是中国特色社会主义事业的重要组成部分，党的十八大已经做出了建设海洋强国的重大部署。习近平总书记也多次强调要关心海洋、认识海洋、经略海洋。从"让我国海洋生态环境有一个明显改观""海洋事业关系民族生存发展状态，关系国家兴衰安危""海上通道是中国对外贸易和进口能源的主要途径，保障海上航行自由安全对中方至关重要"，到"要加快建设世界一流的海洋港口、完善的现代海洋产业体系""发展海洋经济、海洋科研"，再到"共建'21世纪海上丝绸之路'""建设强大的现代化海军""实现中华民族伟大复兴"，通过习近平总书记的讲话，我们能够清楚地认识海洋强国战略对国计民生的重要意义，同时也为我们科研人员经略海洋指明了研究道路和方向。

经略海洋的前提是了解海洋，造福于民，而要真正了解海洋的变化规律，最直接有效的办法就是利用各种海洋观测技术长期探测海洋环境，特别是对深远海气象、水文、物理、化学、生物、地质、地震等的长期观测研究。通过观测系统的组网、观测数据的研究、预报模式的开发及应用，从真正意义上掌握海洋变化规律，为国家海洋预报、防灾减灾、海洋经济开发、生态环境保护、海洋科学研究、海洋国防建设、国家海洋权益维护等提供有效支撑条件和技术保障。

本人从事海洋观测研究20余年，深知经略海洋是几代人长期探索、研究，为之奋斗一生且充满挑战的光荣任务。本书作者张少伟博士通过大量生动有趣的图片、通俗易懂的章节介绍，将深海观测的目的、技术手段、研究的意义图文并茂地展现给读者，揭示了深海观测的科学奥妙，传播了深海观测的技术知识，弘扬了深海观测的科学意义，对提高青少年在深海观测方面的科学素养，吸引更多青少年投身国家经略海洋的队伍，早日实现海洋强国意义重大！

山东省科学院海洋仪器仪表研究所

前言

　　随着国家深海观测技术在实力上的提升，海洋观测从近岸走向大洋深海及深渊。本书结合深海观测的需求，从观测仪器、典型观测装备、多装备组网观测等方面进行科普。

　　首先，从海洋物理、化学、声学、矿产资源开发等需求入手，介绍了深海观测技术的发展与趋势，特别是海洋物联网、区域组网观测、新概念的观测装备等新的观测模式。其次，结合具体的观测要素，介绍了不同类型的传感器，如水文、气象、水质、声学等观测传感器，以及水下导航、定位传感器；并针对特殊场景和需求，如海底地质、海洋化学、海底地形的观测，对地震仪、热液探测、激光成像技术进行介绍。再次，对主流的固定观测系统进行介绍，如海表浮标、水体潜标、海底观测网所涉及的先进技术及新型的观测装备。针对自主移动观测的需求，从续航能力、应用特色等方面介绍了国内外的新概念水下航行器；同时对船载拖曳观测技术进行了介绍，特别是水下成像、暮光带、声学及地震拖缆技术在科普及海洋科学上的应用。最后，介绍了多种类型装备的组网与协同观测的技术和场景。

　　该书内容简单明了，通过图片为青少年科普深海观测知识，以达到对各种海洋仪器、装备有直观认识和初步印象的目的。本书亦可作为从事深海探测装备研发和设计的科技人员、管理人员的参考书。

　　由于作者水平有限，书中难免会有不足之处，恳请广大读者批评指正。

　　感谢国家自然科学基金（NO.51809255）的支持！感谢妻子唐宁女士默默的付出，感谢女儿张译文带给我美好的每一天！

张少伟

中国科学院深海科学与工程研究所

2021年11月

目录

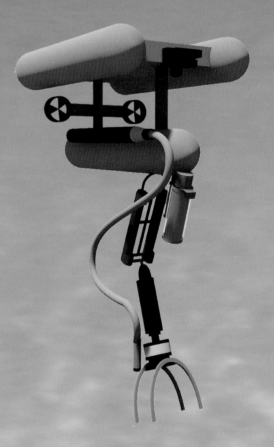

第2章 深海探测的秘密武器
——观测传感器

第3章 深海侦察兵
——深海固定观测系统

第4章 4 游走的神器

—— 深海移动自主观测系统

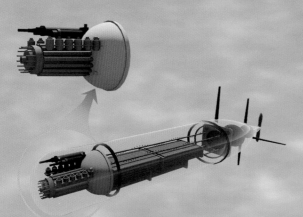

第5章 5 科考船的小尾巴
——船载拖曳观测设备

第6章 6 海底世界的天罗地网
——海洋观测系统集成与组网

第1章　深海诱惑
——探索海底世界

4 000m

6 000m

8 000m

为什么要进行深海观测

◎ 深海有多深

海洋按深度不同可划分为浅海（<1 000m）、半深海（1 000~3 000m）、深海（3 000~6 000m）和海斗深渊（>6 000m）。其中，海斗深渊的海底面积约为4.5万km²，是海洋生态系统的重要组成部分。

深海平原

海斗深渊

10 000m

浅海

4 000m

4 000m

4 000m

深海

4 000m

半深海

2 000m

4 000m

6 000m

4 000m

浅海、半深海、深海和海斗深渊对应的深度

典型的海洋现象包括环流、内波、海气界面交换、地震，涉及海洋物理、化学生物、地质等多个学科。海表体现为海气界面交互而产生的风暴潮等，海水水体体现为海流、内波、微生物群落等，海底体现为地质、地球化学的变化特性。

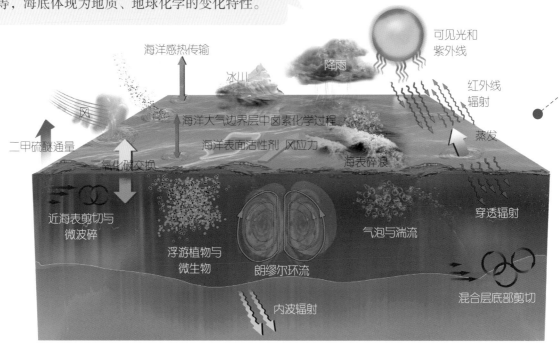

海底及海水水体典型海洋现象

◎ 听，海底的声音

海洋声学监听最初应用于冷战时期美国海军的声波监听——美国在大西洋和太平洋中的海底观测节点上布置大量水听器，用以监听苏联潜艇动向。随后该监听系统搭载新的科学观测仪器，如海底地震监测、水文数据采集、生物捕获等传感器，利用水下接驳盒作为水下中继节点，实现对这些仪器的输/变电、观测数据传输。最后逐步形成海底观测网：以海底能源/信息输送光缆、水下接驳盒技术为基础，将各种海底观测仪通过水下接驳盒进行搭载，实现供电及数据采集，在海底进行组网观测；通过在海底敷设光缆，扩大海底观测范围，形成对海底长期声学监听、地震监听及数据采集的能力。

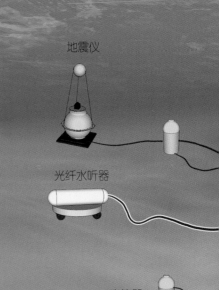

地震仪

光纤水听器

应答器

◎ 海底藏着千沟万壑

　　马里亚纳海沟西南端"挑战者"深渊，最大水深达到11 000m，具有独特的海洋极端环境，其内部压力大、温度低、无光、构造活跃、地震密集、生命奇特。这里有着专属性的洋流运动和环境要素，人类难以预见的水体、沉积和成矿地球化学特征，并且洋流运动与上层海洋和洋壳内部之间存在着广泛而特别的物质和能量交换。这些重要而奇特的物理、化学、生命与地质现象中的科学问题，正是目前研究的热点。

　　深渊内部有着独特的物理海洋学现象，可通过探测深渊洋流和水团时空变化特征，来揭示深渊洋流与全球大洋环流的内在联系，探索洋流对深渊动物幼仔迁移和物质输运的作用，揭示深渊生物新陈代谢的基本物理环境特征。同时，通过观察深渊内部基本化学环境要素特点，分析其独特的化学、矿物和地质微生物学现象，从而揭示深渊物质通量和碳收支模式，并推导深渊内部独有的早期成岩作用机制和铁锰结核成矿机制。

海底观测网声学监听

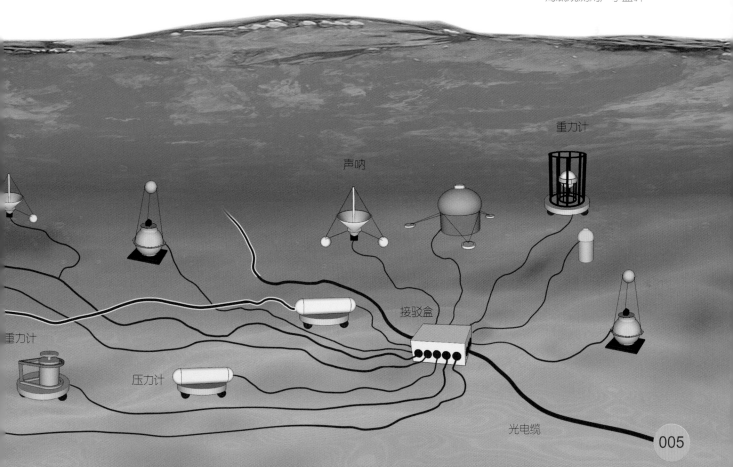

海底可燃冰

◎ 向深海要资源

  进入21世纪，日益加剧的人口、资源与环境之间的矛盾，使更深更远的海洋成为人类社会实现可持续发展的战略空间和资源宝库。海洋油气资源不断被发现，而海洋石油主要蕴藏在深海海底，目前估计，全球未来油气总储量的40%将来自深海海底；可燃冰更有可能成为未来的替代性矿物能源；深海金属硫化物、多金属结核矿以及正在开始揭示的深海"暗能量生物圈"基因资源等，都展现出目前还难以估量的深海资源前景。

  深海金属矿产资源也是新一轮国际海上竞争的前沿领地。近期我国"蛟龙"号深海载人潜水器在马里亚纳海沟的海试过程中，观察到了海沟铁锰金属结核在深海海底的广泛发育。铁锰结核的形成与原位的氧化还原条件、金属元素来源、沉积速率、水深等成矿环境密切相关，不同环境中所形成的铁锰结核矿物，在形态结构、矿物组成地球化学特征等方面有着较大差异。目前虽然尚未对这些结核进行深入的矿物学和地球化学研究，但是据现有信息来看，海底结核成松散的皮状覆盖于深海沉积物之上，具有显著区别于上层大洋盆地和浅海环境中同类矿物的宏观形态和结构。

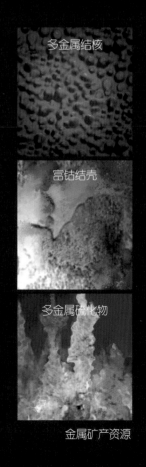

多金属结核

富钴结壳

多金属硫化物

金属矿产资源

深海观测的广阔空间

海洋观测以近海和浅海为主，大部分的科研项目都局限在5 000多米水深以浅的水域。深渊科学与观测探测，仍然属于尚待开辟的领域，深远海海洋地质、海洋环流的研究是海洋基础科学的研究热点。现有的深海科学理论对深海环境内部所发生的物理、化学、地质现象的认知十分匮乏，特别是超高压、低温条件下的海斗深渊环境。深海海底的物理、化学、地质现象是否可用近海、浅海的科学理论进行解释，尚无定论。

深海观测与探测装备的发展制约了深海科学的研究，特别是深海装备的应用较少，大量的高端传感器、水下接插件，仍需要进一步提高质量并国产化。

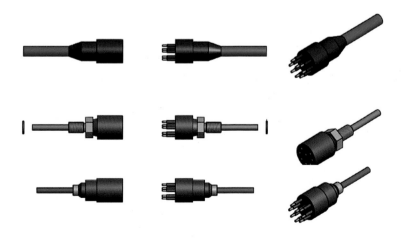

水下接插件

海洋观测：从近海走向深远海

"21世纪海上丝绸之路"是国家"一带一路"倡议的重要组成部分，这为海洋装备的发展带来了新的契机。党的十八大报告指出"提高海洋资源开发能力，发展海洋经济，保护海洋生态环境，坚决维护国家海洋权益，建设海洋强国"。海洋强国战略的实施，不仅会促进沿海地区的经济繁荣，更能对海洋工程装备的发展产生强大推力。海洋观测与探测装备的发展以面向近海为主，逐步走向深远海，经略两洋。

◎ 大洋深渊"摄像式"观测

大洋深渊是海洋现象的发源地，从该区域获取的观测数据为海洋科学研究提供了有力的数据支撑。获取深渊区域的温盐、浪流、地质实时观测数据是研究上升流、内波、涡流的重要手段和方式，是分析地壳运动及海底地震的有效手段，也是研究海洋声学的重要手段。现有的海洋观测以3 000m水深以浅为主，观测平台以浮标、潜标为主，主要针对近岸进行观测，难以实现机动式的观测，观测方式以定点观测为主。

现阶段选用小型化、便携式的智能平台，构建机动式立体观测系统，可以实现对深渊海区的"摄像式"观测，构建深渊海域的区域海洋观测系统：主要选用波浪滑翔机/水面无人船、水下滑翔机、海底着陆器作为海表、水体、海底的观测平台开展试验。各观测平台搭载CTD、水听器、地质地震观测仪器进行观测，基于水下机器人获取全海深的实时观测数据，满足大洋深渊的观测需求。

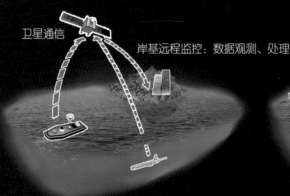

a 大范围观测

b 从大范围观测的数据分析结果，选定小区域进行观测

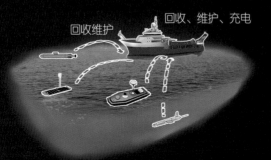

c 设备回收、充电

d 航渡到新区域，再一次布放、观测

摄像式观测

◎ 海洋物联网

海洋物联网（Ocean of Things）是物联网技术在海洋领域的应用，通过海洋数字设备互通互联，结合云计算、大数据和人工智能等实现海洋数据统一管理并提供智能化服务。海洋物联网以低功耗的水面小型浮标构成，拟通过在百万平方千米海域内布放成千上万个低成本、智能化的移动观测浮标，借助海洋云计算、大数据、人工智能等技术，实时感知海气参数及水面、水下目标，实现全水深、高分辨率的观测，并实现多源、异构、超大规模的海洋环境、目标、活动和态势信息快速在线处理与融合分析，进而支撑海洋信息感知、预测与目标探测警戒。

海洋物联网是认识海洋、经略海洋的重要技术制高点。相比于陆地物联网，目前海洋物联网研究和应用仍存在信息感知能力差、数据传输延滞、信息服务水平低等短板。基于低成本、模块化的微型浮标，构建海洋物联网组网观测技术研究，提升对海洋环境及目标信息的实时高分辨率获取能力、预测预报能力及信息服务能力具有重要意义。

海洋物联网概念图

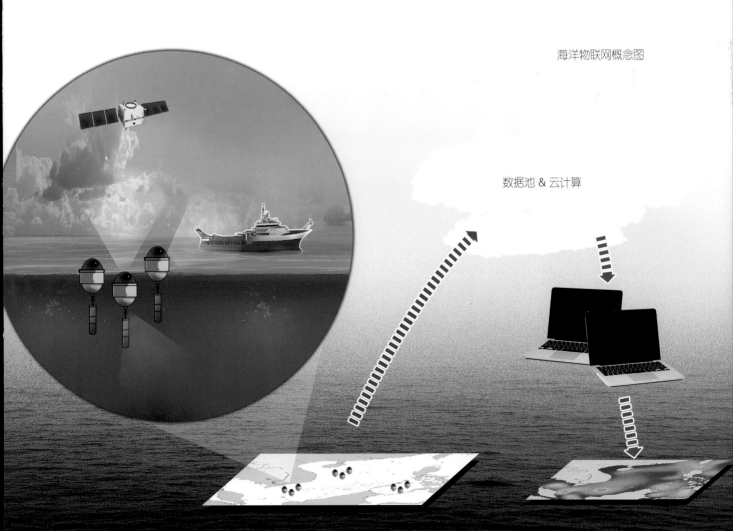

数据池 & 云计算

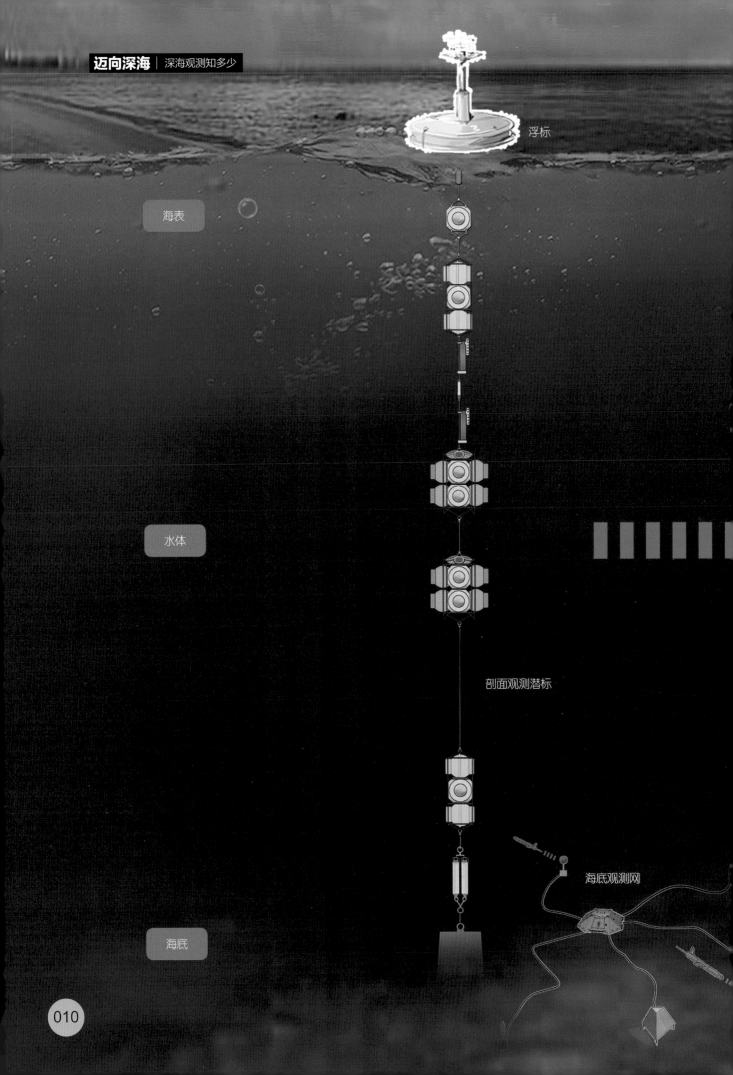

浮标

海表

水体

剖面观测潜标

海底观测网

海底

波浪滑翔机

水下滑翔机

走向大深度

走向远海/极地

◎ 多智能平台协同组网观测

海洋观测装备组网集成与应用是近年来大范围海洋观测的热点，即将水底、水体、海表、空中的各种平台相互结合，充分利用各个平台的优势，实现对海洋数百乃至数千平方千米范围内的观测。其典型模式为：以浮标、潜标为基本的固定观测平台，开展长期、持续的观测采样；以无人艇、波浪滑翔机、水下滑翔机、自主水下机器人为移动平台进行自主观测。多智能平台协同组网观测发挥固定基观测平台和移动观测平台各自的优势，以满足实时/准实时高分辨率观测的要求。

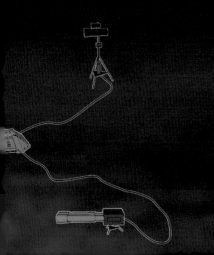

海底观测节点

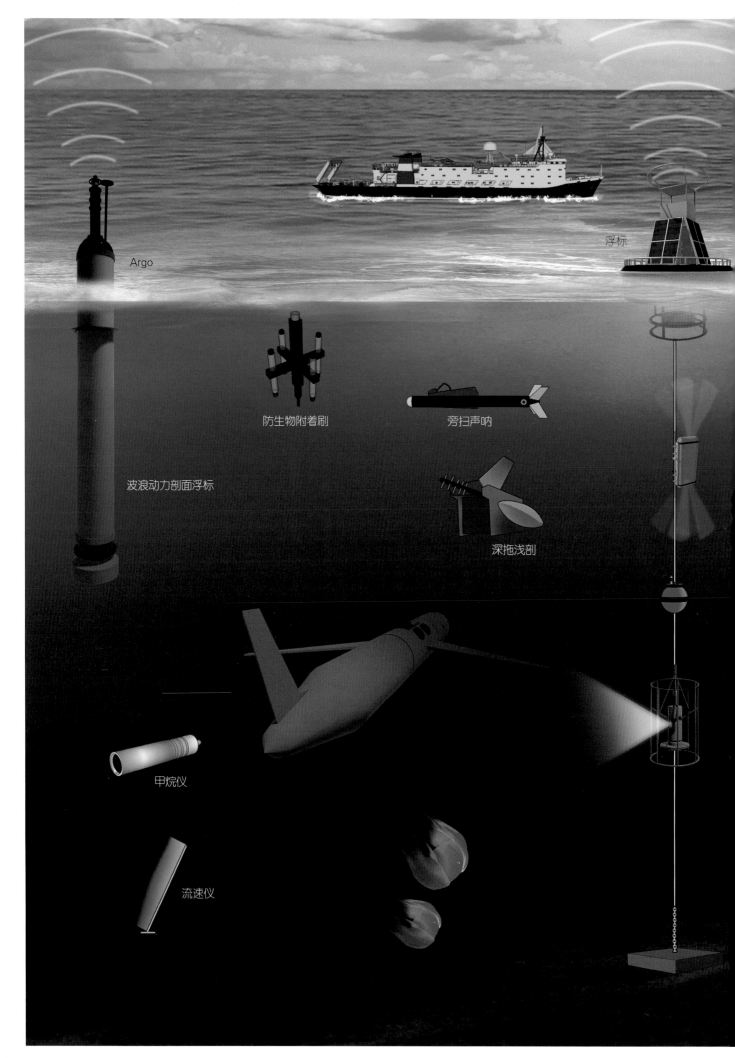

Argo

浮标

防生物附着刷

旁扫声呐

波浪动力剖面浮标

深拖浅剖

甲烷仪

流速仪

风电

无人机

无人艇

无人船

第2章　深海探测的秘密武器
——观测传感器

二氧化碳仪

水声记录仪

浮游生物成像

铱星信标

玻璃浮球

0m
50m
100m
200m
300m
500m
740m
1 000m
1 700m
2 000m
3 000m
4 000m
6 000m
7 000m
9 000m
11 000m

观测传感器家族群

传感器是观测、探测海洋的主要手段和方式。面向深海探测与观测功能的传感器，主要满足海洋物理和物理海洋学、海洋生物学、海洋地质学、海洋化学等方面的科学应用需求。另一方面，海洋探测和观测系统与装备本身也需要感知自身的设备状态，如位置、航向、速度、角度等，以提高运动控制精度、实时反馈系统运行状态，因此海洋观测系统也需要一些状态监测的传感器。

功能性传感器

海洋观测、探测是结合具体的应用需求，选定合适的观测平台，搭载相应的功能性传感器开展的观测试验。典型的功能性传感器有水下摄录系统，包括摄像机、照相机、灯等，能给我们提供直观的海底视频信息；物理海洋传感器主要包括温盐深（CTD）传感器、声学多普勒流速剖面仪（ADCP）、多参数水质仪；海洋声学传感器以水听器为主；海气界面观测传感器包括气象站、波浪传感器等；海洋化学传感器包括深海光谱仪、海底热液取样装置；海底地质勘探、油气勘测传感器包括海底地震仪、热流探针等；海洋水质监测可通过采水器采集水样，然后将水样带回实验室进行分析；光学传感器包括水下激光成像装置等。

◎ 摄像机、照相机

海虾

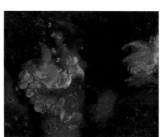
海底烟囱

机械手作业

机械手作业

机械手作业

Z70全海深摄像机海底视频摄录

Z70全海深摄像机

　　摄像机是一种常用的水下光学观测设备，通过影像记录可以很直观地反映出水下环境动态信息，多装备于水下机器人，用于水下机械手作业。摄像机的视觉信息可被水下作业型机器人用作反馈信息进行目标的精确定位，实现复杂的水下作业任务。典型的摄像机有Z70摄像机。

　　照相机是一种水下静态影像记录设备，相比于摄像机，照相机容易获得更高的图像分辨率，可以得到更为精细的数据信息，常用于海底地质、海洋生物、海底沉积物、海底多金属结核以及块状硫化物等资源调查。通常将闪光灯和照相机做成一体，或单独配备闪光灯。

照相机：左为ＯＥ11~442闪光灯，右为
ＯＥ14~408照相机

水下灯：SeaLite Sphere 3150水下灯

◎ 温盐深传感器

温盐深（CTD）传感器是一种用来测量海水温度、盐度和深度信息的传感器。根据这三个基本的物理参数，可推算其他海洋数据（如声速等），主要用于海水物理化学性质、水层结构和水团运动状况等研究。

CTD传感器（左）、CTD采水器（右）
（美国OOI海洋观测计划）

Linquest ADCP、RDI ADCP传感器

◎ 声学多普勒流速剖面仪

声学多普勒流速剖面仪（ADCP）是一种利用多普勒效应进行流速测量的设备，能够直接测出断面的流速剖面，具有不扰动流场、测验历时短、测速范围大等特点，广泛应用于海洋的流场结构调查、流速和流量测验等。

◎ 多参数水质仪

HydroCAT-EP是一款适用于多点采样测量、长期现场监测与剖面分析的多参数水质仪，耐压350m塑料外壳，可测量温度、电导率、PH、深度、溶解氧、叶绿素、浊度。溶氧量是用来研究水自净能力的一个指标，能据此指标对水质做出评价。在深海中，溶解氧的测量还可以用来研究海域内生物的活动情况。叶绿素可以用来监测赤潮、蓝藻等。

HydroCAT-EP
多参数水质仪

第2章 深海探测的秘密武器——观测传感器

◎ 海洋声学传感器

声学传感器主要是水听器，可以用于水声监听、哺乳动物观测、水下地震监听等。

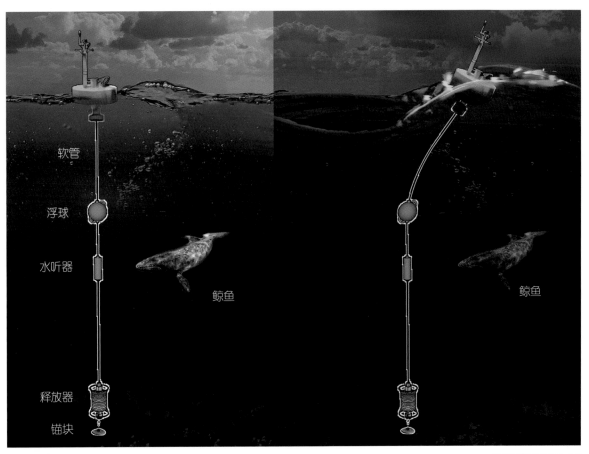

软管

浮球

水听器

鲸鱼

释放器

锚块

海表风浪小 　　　　　　　　　　　　　　　　　　　　　　　浮标随风浪而运动

水听器、哺乳动物观测声学浮标

◎ 气象观测站

MetPakPro气象站是精密的便携式气象站，可以监测最基本的气象参数，带有4个输入接头，可与外部测量仪器连接。该便携式气象站包含风速风向传感器、气压传感器、温度和湿度探头。外部接线盒允许连接最多4个附加传感器：1个Pt100温度传感器、1个接点闭合雨量计和2个模拟传感器。MetPakPro采用超声波技术测量风速和风向，精度更高，可靠性更好；使用工业级别的探头测量温度和湿度。

MetPakPro气象站

017

波浪传感器SVS-603（左）、波浪浮标AXYS（中）及结构组成（右）

海底地震仪

◎ 海底地震仪

地震对人类财产和生命有重大威胁，并会给国家、社会带来严重的经济损失。尤其是在海底发生的地震，除了直接造成房屋倒塌、火灾外，海啸、海底地震引起的巨大海浪冲上海岸，会对沿海地区造成破坏。由于大部分地震都发生在海底，为了实时监测这些地震发生的信息，研制海底地震观测系统是十分必要的。海底地震仪（Ocean Bottom Seismometer，OBS）也是勘探海洋地质条件的主要手段，可对海底的构造状况进行推断，作出各断面的剖面图，分析海底地质结构状况。但海底地震仪难以准确确定水合物的结构特征。

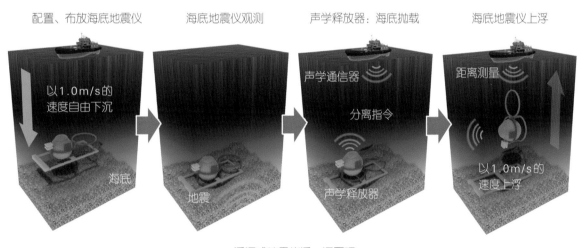

浮沉式地震仪浮—沉原理

日本宽频地震仪BBOBS

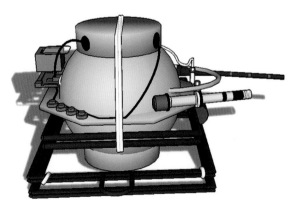

短周期地震仪

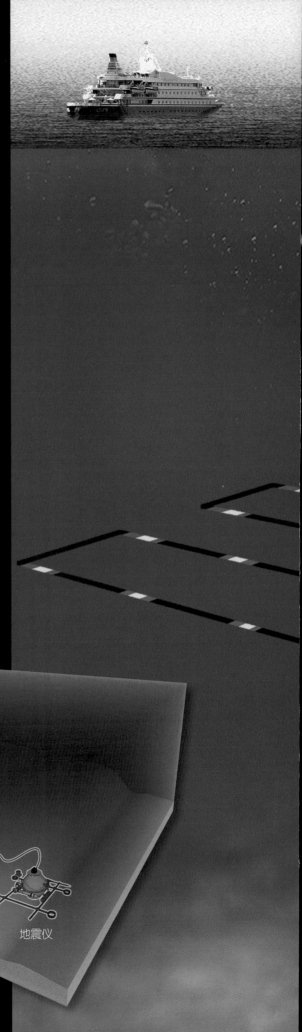

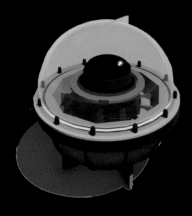

（a）应用于海底观测网的Orcus地震仪

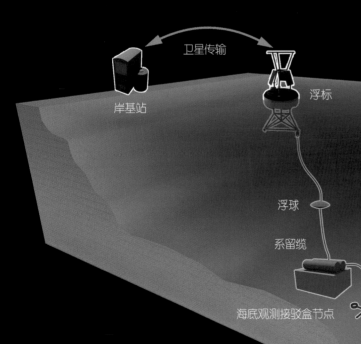

卫星传输

岸基站　　　浮标

浮球

系留缆

海底观测接驳盒节点

地震仪

（b）INTMARSIS实时浮标式地震观测系统

岸基站

数据中心

20km

（c）S-net缆系海底地震观测网

实时海底观测系统

◎ 海洋化学传感器

海底热液硫化物的探测，受到各国越来越多的关注。热液硫化物出现在2 000m水深的大洋中脊，是一种富含铜、锌、铅、金、银等多种元素的重要矿产资源。它是海水侵入海底裂缝，受地壳深处热源加热，溶解地壳内的多种金属化合物，然后从海底喷出的烟雾状喷发物冷凝而成的，被形象地称为"黑烟囱"。这些"黑烟囱"很可能在亿万年前就已形成，蕴藏着丰富的海底矿产资源，并且可能与生命的起源相关。

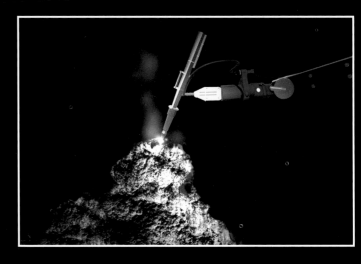

潜水器搭载海洋化学传感器观测海底热液喷口

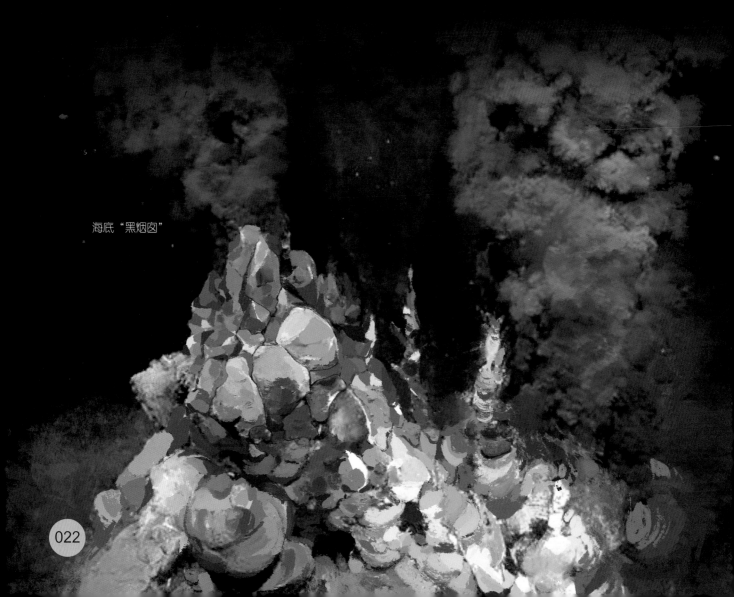

海底"黑烟囱"

◎ 水下激光成像

结合海洋油气开发的需求，可将水下激光雷达探测系统搭载在遥控水下机器人或自主水下机器人上，对海底管线周边地形进行局部点云重构，找出故障点；针对故障点，水下激光雷达探测系统、遥控水下机器人、机械手协同作业，可完成对海底平台/管线的精准定位与维修。在海底文物保护、潜艇残骸的调查中，可利用水下激光雷达探测系统进行近距离的扫描、成像，构建海底文物、沉船的三维数据，为打捞提供重要的信息。

AUV对海底管线进行测绘

ROV海底管线测绘与重构

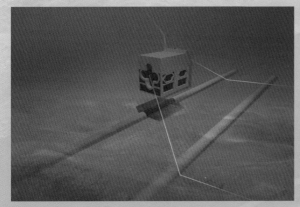

近距离三维点云重构

载人潜水器对"二战"时德国潜艇U576残骸的测绘与重构

水下激光雷达探测系统与点云成像技术在深海作业与测绘上的应用

在水下地形构建及水下作业上，可将激光雷达探测仪搭载在Girona 500 AUV上，开展水下激光雷达探测成像与机械手的协同作业，完成对水下结构物的抓取。水下机器人是在动态情况下，先进行海底的局部扫描，待发现目标后，再通过自身控制进行悬停，并利用机械手和实时成像信息进行抓取。该过程涉及激光探测与成像、水下机器人定位及机械手协作作业等多项技术。这要求激光雷达系统的结构小、重量轻、能耗小。

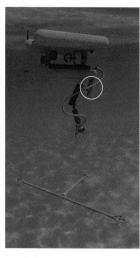

Girona 500 AUV激光雷达探测与机械手水下协同作业

◎ 采水器

近年来，水下机器人广泛应用于精细海洋现象观测及海水水体取样，具有可控性好、成本低、布放回收方便的优势，典型的水下机器人包括Tethys AUV自主水下机器人。将采水器搭载到水下机器人上，根据水下机器人的下潜深度，自动开启、关闭采水器阀门，可实现对固定深度或海水分层界面处的水样采集。

如采用水下机器人对上升流、涡流进行观测，可将水下机器人搭载温度、盐度、叶绿素传感器获取观测数据，通过温度、盐度的变化特性表征其中心、边界处的变化特性，建立水下机器人与海洋观测目标的关系。

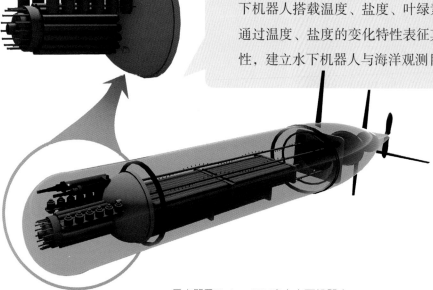

采水器及Tethys AUV自主水下机器人

状态监测传感器

状态监测传感器主要用于获取深海探测与观测装备的状态，如位置、姿态等信息，并结合惯性导航传感器、光学传感器、声学传感器，对装备进行导航、制导与控制，以便让装备获取和感知周边环境。以典型的深海无人/遥控探测装备为例，它通过其中一种或多种传感器进行导航、定位。这些传感器装置布置在母船、潜水器和海底，并协同配合，共同完成状态监测、导航的任务。

深海探测装备包括遥控/自主航行的水下机器人、海底网、海洋监测浮标等，可根据需要配备多普勒计程仪、位姿传感器、深度计、高度计、声学应答器等。多普勒计程仪提供深海探测装备的前向速度和侧向速度，位姿传感器用于测量深海探测装备的艏向角和艏向角速度，深度计用于测量深海探测装备的深度信息，高度计用于获取装备相对海底的高度，声学应答器用于获取深海探测装备的绝对位置信息。

支持母船与探测装备之间，可以采用光电复合缆、声学导航传感器进行通信。采用声通信时，声学导航传感器在母船上布置3个及以上水听器矩阵，在深海探测装备上布置应答器，航行时通过发送定时脉冲声波，利用脉冲声波到达各水听器的传播时间算出深海探测装备相对于母船的位置。典型的声学导航传感器包括短基线定位、长基线定位。短基线定位系统较为机动、灵活，跟踪范围比长基线定位系统的范围要小，当跟踪目标在水面附近航行时，定位误差很大。

海底独立观测节点通常需配备释放器，用于观测节点的回收，并配备频闪灯、铱星、信标等。浮标、潜标等近实时海洋观测系统，需配备通信设备，如无线通信、铱星通信、北斗通信等。

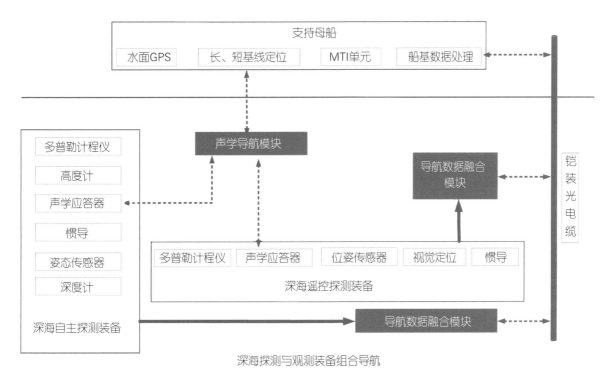

深海探测与观测装备组合导航

◎ 多普勒计程仪

多普勒计程仪（DVL）内部有压力传感器，可以获得深度信息；集成了陀螺仪，可获得水下无人设备的姿态信息。DVL根据多普勒效应，利用发射至海底的多束声学狭窄波束，测量载体的对地速度、平均速度的精度很高，其缺点是需要外部的航向和垂直基准信息，定位误差随时间积累。

Workhorse Navigator声学多普勒计程仪

◎ 位姿传感器

位姿传感器可用于获取设备的位置、姿态，部分传感器还可以获取设备的速度、角速度等信息。

九轴惯性测量单元的MTi系列产品，具有一个强大的多元处理器，能够以极短延迟处理横滚、俯仰和偏航角，并输出校准过的3D线性加速度、转速（陀螺）度、地球磁场和大气压力（MTi100系列）等数据。MTi-G-700的全球定位系统（Global Positioning System，GPS)/惯性导航系统（Inertial Navigation System，INS）还提供3D位置和3D速度信息

◎ 惯性导航传感器

惯性导航传感器是一种不依赖外部信息的自主式导航系统，除了能提供载体的位置和速度，它还能给出航向和姿态角，数据更新率高，短期精度和稳定性好。

惯性导航传感器的典型产品Octans 3000，专门应用于深水（大于3 000m）区域，由一个小的捷联惯性测量单元（IMU）组成，包括3个加速度计、3个光纤陀螺和1个实时计算机。Octans 3000不仅可以作为光纤陀螺罗盘使用，还可以作为运动参考单元（Motion Reference Unit，MRU）使用

◎ 声学短基线

6 000m超短基线定位系统（Posidonia 6000）为长程超短基线高精度水下定位系统，工作深度可达6 000m，为深拖、遥控水下机器人、水下浮体和各种水下取样设备提供高精度位置数据

RAMSES 6000是一个中频声学导航系统，既可以单独作为长基线导航系统使用，又可以作为外部传感器配合惯性导航系统或者超短基线（Ultra Short Baseline，USBL）系统使用

◎ 声学长基线

◎ 深度计

深度计通过压力传感器获取探测设备的工作深度。典型的产品有Impact Subsea ISD 4000系列深度计，可在线发送、存储或给出原始数据。

Impact Subsea ISD 4000深度计

◎ 高度计

高度计通过声学探头对海底发射信号并监测反射信号，以此计算设备距离海底的信息。典型的高度计有Tritech系列PA200/PA500的高精度高度计，提供RS232和RS485接口，两者的主要区别是工作频率不同。

PA200/ PA500高度计

◎ 光学导航定位装置

　　光学导航定位，又称为视觉导航定位，通过2个摄像头获取观测对象的位置和姿态信息，多用于水下遥控设备的近距离作业。典型的仪器有Bumblebee2双目立体摄像机。

Bumblebee2双目立体摄像机

◎ 声学释放器

声学释放器OCEANO 6000外观
及内部结构

　　声学释放器广泛应用于各种海底观测设备、海底OBS地震系统及各种锚系的浮标、潜标系统上。坚固的钛合金外壳使其非常适合在深海应用（6 000m或更深）。释放器牢牢地固定在海底观测设备上，其下端的释放钩承载着荷载重量。当调查结束后，从甲板上给水下释放器发送一个声学信号，释放器收到信号后即可打开释放钩；还可以通过一个集成的计时器来进行释放触发，计时器的电池给释放器的马达供电。此外，释放器还可以通过接收外部设备的声学信号来进行触发，然后给甲板发送信号。典型的产品有OCEANO 6000释放器，可应用于6 000m水深，释放重量达5t。

◎ 频闪灯

　　频闪灯的作用是在海洋设备浮出水面后进行示位，便于人们发现海洋设备。

　　典型的产品有NOVATEC MMF频闪灯，工作水深7 500m或12 000m，采用纯白色LED灯光技术，可为用户提供灵活的配置选项，包括闪烁率和灯光强度。从5n mile远的距离就能看到闪烁灯光，其外形小巧，由锂电池供电，可长期（4年）部署在海洋中，浮出水面闪烁时间达2周以上。

NOVATEC系列频闪灯

◎ 信标

信标用于在海洋设备回收时定位。

ROVER 海面铱星信标是一款独立供电、自持式铱星通信信标,具有坚固的防UV紫外线外壳,主要用于各种海面浮标及其他漂浮物上,非常适合在恶劣的海洋环境中使用。该信标拥有 2 个独立的铱星/GPS 天线,分别位于信标的顶部和底部,即使在恶劣海况下出现翻覆,ROVER 也能连续记录并自动发送浮标的位置

◎ 铱星通信

铱星系统提供双向、实时的数据通信,并且这种通信是全球的,不受距离和地理位置的限制,但是通信费用高、数据传输速率低,主要用于全球大洋上浮标的通信。

铱星天线及收、发模块

◎ 北斗卫星

北斗卫星是我国独立研发的导航、定位及数据传输卫星,可用在浮标、潜标的数据传输上。北斗导航通信一体机体积小巧、功耗低、连接简单、操作方便,非常适合船舰导航、位置上报及短报文通信等大规模应用。

北斗通信机

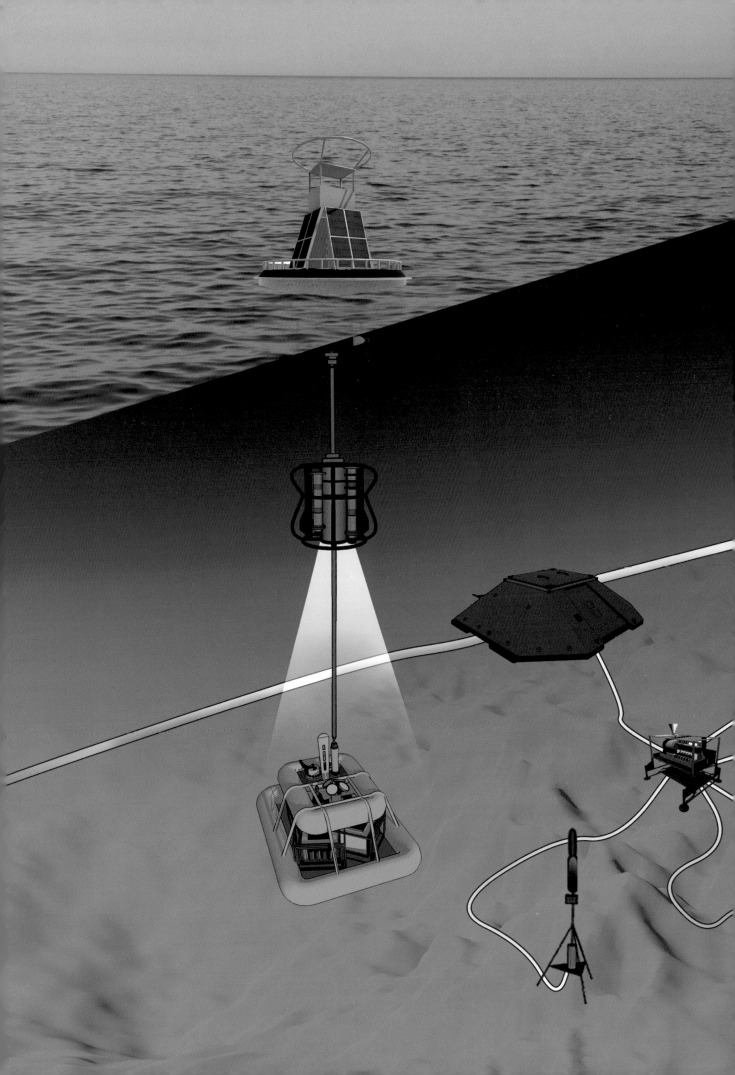

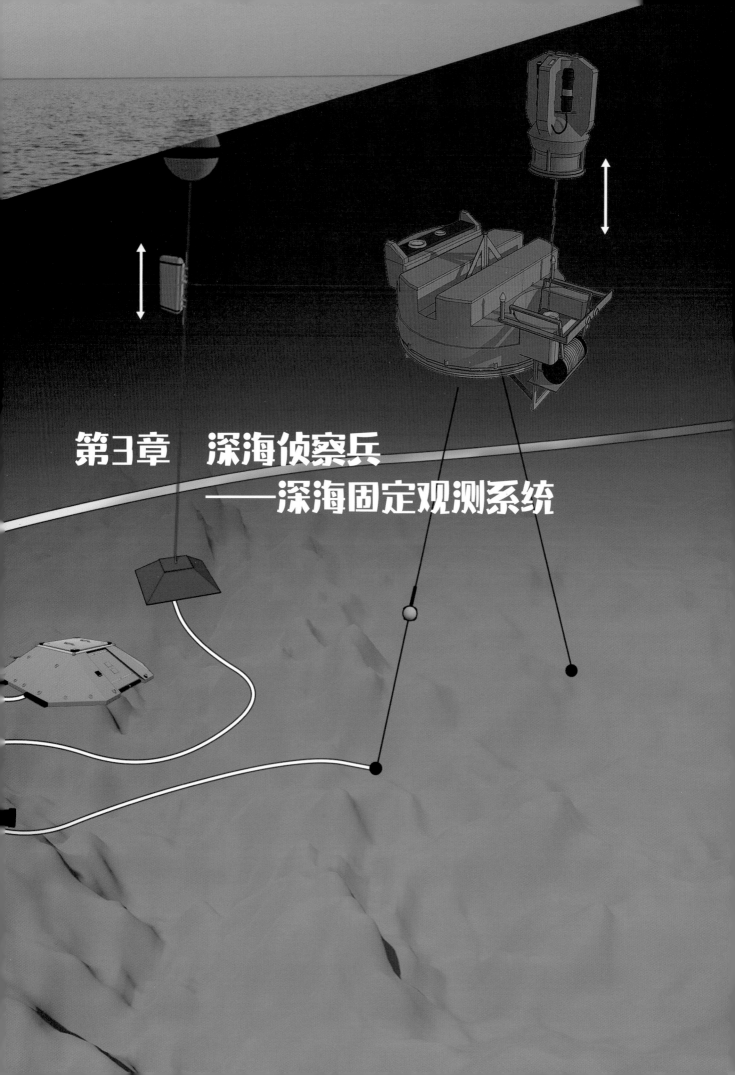

第3章　深海侦察兵
——深海固定观测系统

海底观测网

针对海底生物、地质、水体、声学的观测需求，深海海底观测网以海底数据/能源传送光缆、海底接驳盒为枢纽进行构建，通过主、次接驳盒将多种海底科学仪器/设备、锚系潜标连接起来，实现海底原位的长期、连续、实时的观测。

海底观测系统及海底接驳盒可为系留潜标、水下观测设备提供能源。通过在海底敷设光缆，可扩大海底观测范围，并按观测需求在特定位置搭载观测仪器。通过锚系潜标可观测海水水体，将锚系潜标通过水下插拔的方式接入海底观测系统，实现能源持续供给和信息传输。

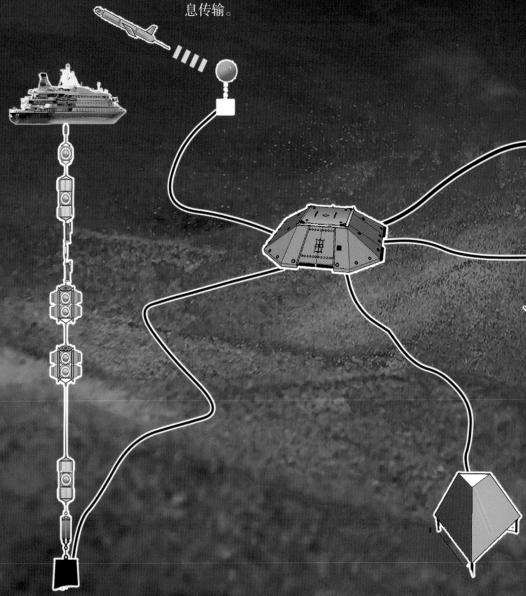

海底观测网可分为海底观测站、水体观测链及海底观测系统，分别应用在不同的场合。海底观测站包括观测仪器、通信设备、能源供给设备、数据采集设备，可独立在海底工作。水体观测链是将观测传感器如温盐深（CTD）传感器挂载在剖面观测链上，开展温盐要素的观测。海底观测系统通过岸基站进行高压供电，利用接驳盒实现能源管理、分配，并完成高带宽数据的实时传输。接驳盒上设计有观测设备插座模块，实现各种仪器设备与接驳盒的灵活对接。这种观测系统具有持续时间长、实时性好、观测区域大的优点。

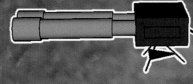

海底观测网原理

◎ 海底接驳盒：观测仪器的"中央能源信息站"

将多个观测仪器在水下进行连接，实现对各种观测仪器的能源和信息集中控制和管理的技术，称为海底接驳盒技术，包括信息传输与管理技术、电能传输与管理技术和机电集成技术。

海底接驳盒包括主接驳盒和次级接驳盒，两者的区别在于母线电压不一样，而且主接驳盒功率较大，一般为10kVDC/10kW、1kVDC/1kW，而次级接驳盒功率较小，一般为375VDC供电。

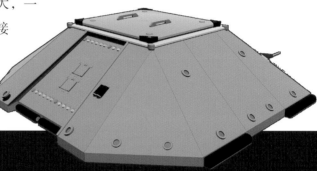
主接驳盒及高压变压舱

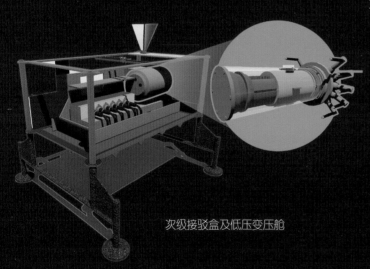
次级接驳盒及低压变压舱

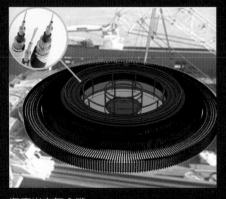
海底光电复合缆

◎ 海底光电复合缆：信号传输全靠它

海底光电复合缆是构成海底观测网的主要部分，用于岸基与海底接驳盒的连接。岸基的电能和信号通过海底光电复合缆的光芯、电芯与海底接驳盒、海底观测仪器连接，从而为海底观测设备和仪器提供电能并获取观测数据。观测数据及海底视频通过光芯传输到岸基，实现观测数据连续、长期、实时的观测与传输、利用。

◎ 最早的海底观测系统：实时观测海底地震

　　20世纪90年代，美国建设了LEO-15、H2O海底观测系统，用于实现海洋生态学长期实时观测、原位实时海底地震观测，这是最早的海缆连接的海底观测系统。美国LEO-15海底观测系统由美国伍兹霍尔海洋研究所设计，由罗格斯大学建设，包括距离新泽西州罗格斯岸基站8.1km的水下节点A和9.6km的水下节点B，传输功率8kW。在数据传输上，采用1000BASE-LH光纤以太网进行双向波分复用高速通信。

美国LEO-15海底观测系统

卫星遥测

无人机

数据中心

近岸观测塔

科考船

潜标

浮标

海底观测网

浮标

水下机器人

水下滑翔机

　　1998年建成的美国 Hawaii-2 Observatory（H2O）海底观测系统，位于夏威夷州和加利福尼亚州之间（北纬28°、西经142°）5 000m深的海底，主要用于海底地震观测。H2O海底观测系统的观测对象为海底地质、海洋声学特性，搭载仪器包括地震仪、水听器、控制器和声学通信设备等。

H2O海底观测系统

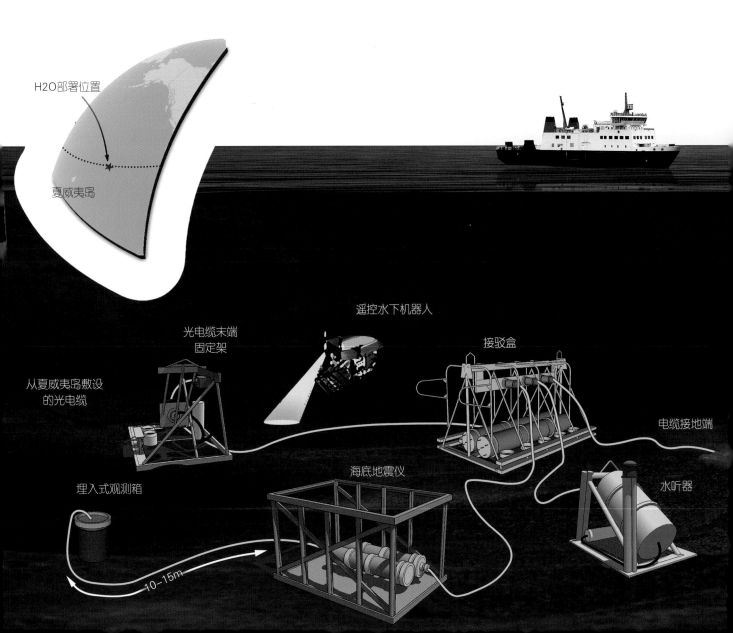

H2O部署位置

夏威夷岛

光电缆末端
固定架

遥控水下机器人

接驳盒

从夏威夷岛敷设
的光电缆

电缆接地端

海底地震仪

埋入式观测箱

水听器

10-15m

在西太平洋胡安·德富卡板块，美国、加拿大联合建设了全球第一个区域型的海底观测网（NEPTUNE），监测区域为50万km²，敷设了约3 000km的海底光电复合缆，每隔100km布置一个接驳盒，实现数千个海底观测设备、仪器的联网。NEPTUNE海底观测网在接驳盒和海底观测设备之间没有采用观测设备插座模块化技术，使得该系统的接驳盒无法实现标准化，不利于海底观测系统的扩充、维护。

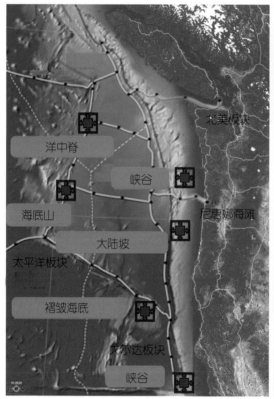
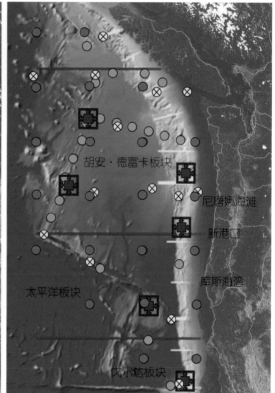

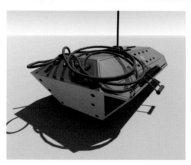
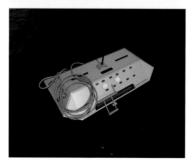

NEPTUNE海底观测网（上）及主接驳盒结构（下）

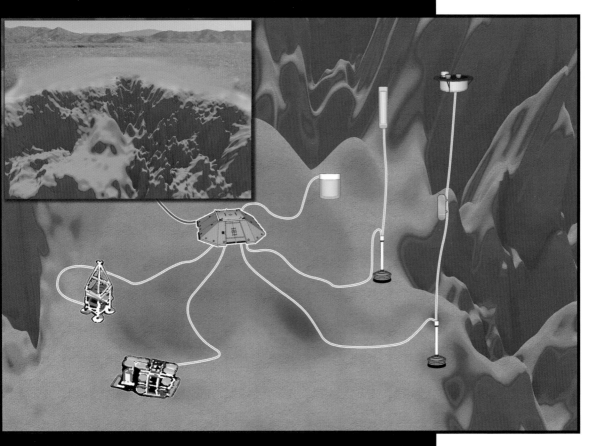

MARS海底观测网

◎ MARS海底观测网

　　美国蒙特利湾海洋研究所建立了MARS海底观测网，其接驳盒位于蒙特利湾西北约25km、水深891m的海脊，用52km的光电复合缆与岸基站相连。接驳盒包括2个钛合金材料的耐压腔体，分别实现高压转换和通信控制功能。MARS接驳盒包括以下部分：高压电能转换、低压电能转换、通信控制。高压电能转换子系统将10kVDC转换为400VDC；低压电能转换子系统将400VDC转换为48VDC供科学仪器使用；通信模块完成光信号到电信号RS232、RS485、快速以太网的转换。

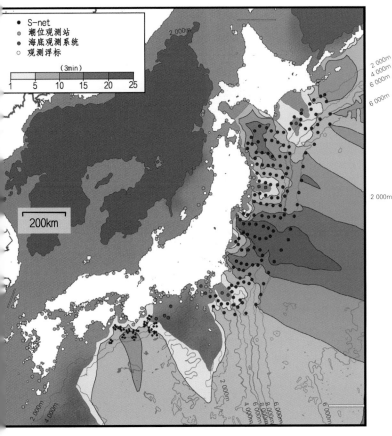

◎ 海底地震观测网

日本实时地震监测系统（AREA）由东京大学建于2003年，包含66个间隔约为50km的接驳盒，用于构建海洋学、地球物理学、地震海啸、海底资源开采、海洋工程等试验应用平台。

日本地震和海啸的海底观测系统（DONET、S-net）由日本海洋科学技术中心（JAMSTEC）于2006年开始建设，由20个间隔为15～20km的海底接驳盒组成，搭载海底地震仪和压力传感器，主干网功率为3kW，每个接驳盒输入功率为500W，接驳盒与岸基之间数据传输速率为600Mbit/s。

日本实时地震监测系统、S-net系统

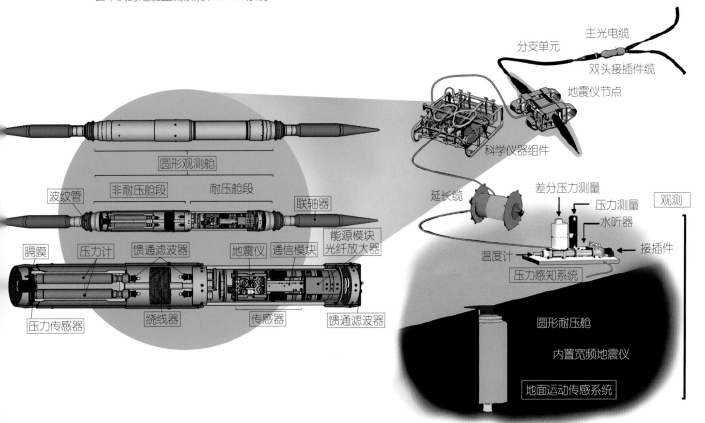

缆系地震仪、DONET系统

◎ 水下湿插拔及海底作业

海底光电缆、水下接驳盒在施工时是独立布放的方式。在布放完成后，需要用遥控水下机器人（ROV）及水下湿插拔将次级接驳盒连接到主接驳盒上，海底仪器的更换、维护或维修，也需要通过遥控水下机器人将海底仪器连接到次级接驳盒上。

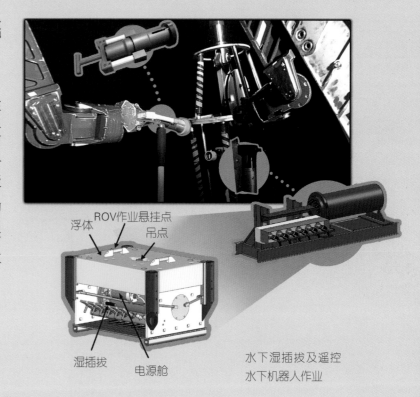

水下湿插拔及遥控水下机器人作业

◎ 海底观测站：深海里的数据中心

海底观测站是独立的海底观测节点，针对深海海底的观测、勘探需求，搭载多种类型的传感器，并自带电源舱，通过声通与水面浮标、无人船进行通信，传输观测数据。在布放上，可通过光电缆进行布放，并辅助遥控水下机器人作业；或者安装声学释放器，利用其自身重力与浮力差从海面沉入海底（重力大于浮力）。回收时释放器释放海底重物，海底观测站在浮力的作用下浮出水面（重力小于浮力）。典型的、用于海底地质研究的观测站，如GEOSTAR，就是通过遥控水下机器人布放到海底后，脱钩，观测信息通过声学通信传输到水面浮标。

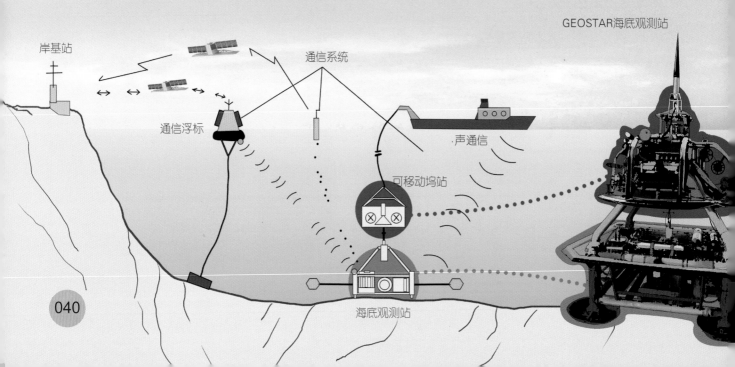

GEOSTAR海底观测站

95m —　1.52m浮球（安装频闪灯、信标）　　传统潜标
　　　　3m长，直径为0.95cm的锚链

100m —　流速计
　　　　292m长，直径为0.48cm的缆

　　　　浮球

401m —　流速计
　　　　393m长，直径为0.48cm的缆

　　　　浮球

800m —　流速计
　　　　591m长，直径为0.48cm的缆

　　　　浮球

1 399m —　流速计
　　　　591m长，直径为0.48cm的缆

　　　　浮球

2 000m —　流速计
　　　　491m长，直径为0.48cm的缆

　　　　浮球

2 500m —　流速计
　　　　281m长，直径为0.48cm的缆

　　　　浮球

2 799m —　流速计
　　　　2m长，直径为0.95cm的锚链

2 804m —　释放器
　　　　5m长，直径为0.95cm的锚链
　　　　156m长，直径为0.64cm的缆
　　　　20m长，直径为1.9cm的尼龙缆
3 000m —　5m长，直径为0.64cm的缆
　　　　5m长，直径为2.8cm的锚链

锚块

海洋水体观测系统

　　海洋水体观测主要面对物理海洋的研究需求，对海水不同水层的温度、盐度、水流等信息进行采样，研究声学传输特性，从而解释各种海洋现象，为国防、海洋研究提供信息支撑。

◎ 传统剖面温盐潜标

　　潜标用于对固定区域的海洋剖面温度、盐度采样，以研究在时间尺度上海洋温度、盐度的变化特性。温盐深（CTD）传感器被固定在潜标链上，自带电源，自动存储数据。该方式下，不能实时传输数据，但可在系统回收后进行数据分析。

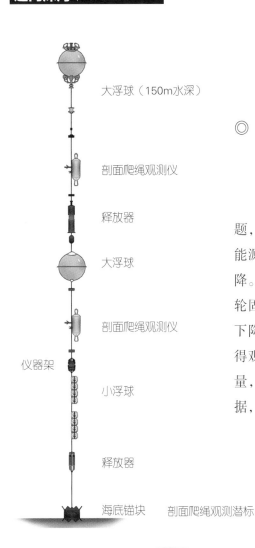

大浮球（150m水深）

剖面爬绳观测仪

释放器

大浮球

剖面爬绳观测仪

仪器架

小浮球

释放器

海底锚块 剖面爬绳观测潜标

◎ 剖面爬绳观测潜标：
海底观测的"升降机"

传统潜标需要多套CTD，系统成本较高。针对这个问题，剖面爬绳观测潜标设计了一个剖面爬绳观测仪，自带能源并采集数据，搭载多种观测仪器，沿系留缆上升和下降。剖面爬绳观测仪重力和浮力相等，爬绳观测仪通过滑轮固定在系留缆上，并通过电机驱动爬绳观测仪的上升和下降。这种潜标一方面可以携带CTD、ADCP等仪器，使得观测仪器的种类增加了；另一方面减少了观测仪器的数量，降低了系统的成本。传统潜标仅能采集固定水层的数据，而该方式可采集不同深度的数据。

◎ 剖面绞车观测潜标

剖面观测与绞车技术相结合，是一种新的观测模式，主要用于近海表水层的观测。该系统包括通信浮球、传感器浮体、水下绞车。水下绞车上缠绕系留缆，绞车沿不同方向转动，系留缆被释放和回收；传感器浮体随系留缆的释放或回收进行上浮或下潜运动，同时采集数据。当绞车释放系留缆时，通信浮球浮出水面，进行数据传输；数据传输完成后，绞车回收系留缆，将整套系统隐藏在水下，避免被破坏。该方式实现了观测数据的实时传输，系统隐蔽性好。

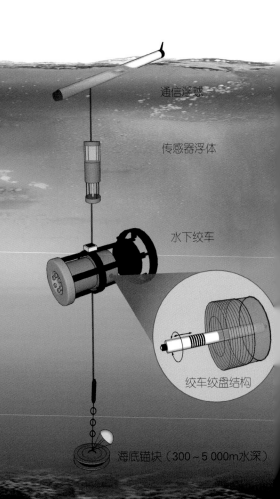

通信浮球

传感器浮体

水下绞车

绞车绞盘结构

剖面绞车观测潜标

海底锚块（300～5 000m水深）

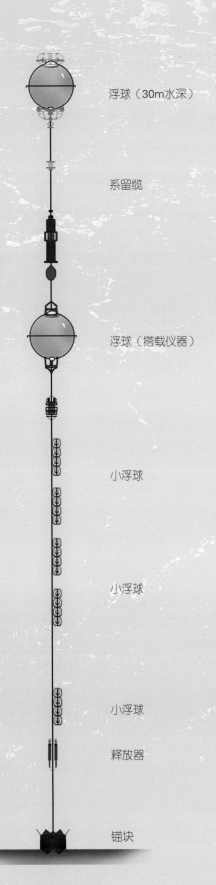

浮球（30m水深）

系留缆

浮球（搭载仪器）

小浮球

小浮球

小浮球

释放器

锚块

剖面感应耦合潜标

◎ 剖面感应耦合潜标

　　潜标系留缆如果不选用尼龙绳、凯夫拉绳，而选用包塑钢缆，可利用感应耦合技术将包塑钢缆进行磁化，进而实现多个观测仪器同步数据采集与供电。电磁感应技术将能源、信号转化为磁信号，沿包塑钢缆传输，这样观测仪器可以将观测数据传输到浮球，浮球可以将电能传输至海底。磁化后的缆作为能源、数据的耦合传输介质，解决了观测仪器的数据采集、能源供给问题。

◎ 剖面ARGO浮标

剖面ARGO浮标用于剖面观测，系统自带电池，通过外部油囊、内部液压系统调整自身的重力和浮力差，使整个ARGO浮标在重力和浮力差的作用下实现上浮、下潜。浮出水面后，剖面ARGO浮标通过铱星通信传输观测数据。该系统是随波漂流的状态，观测时间往往长达数月。

将剖面ARGO浮标与海冰界面浮标结合，可用于海冰下的剖面观测。海冰界面浮标下部连接系留缆和压载重物，使缆保持竖直状态，剖面ARGO浮标通过滑轮固连到系留缆上。在重力和浮力差作用下，ARGO浮标沿缆上下运动进行观测。

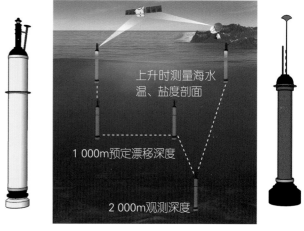

剖面ARGO浮标

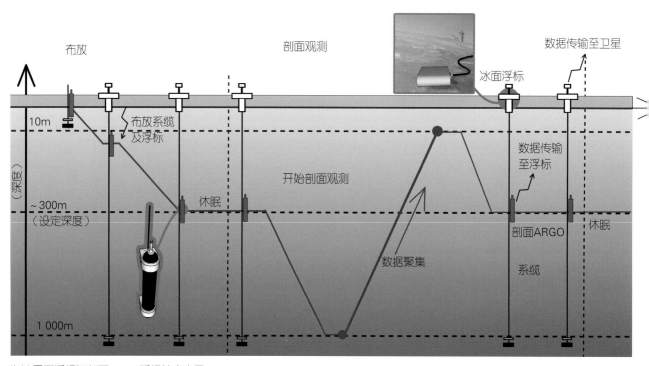

海冰界面浮标与剖面ARGO浮标结合应用

海气界面观测

◎ 水文气象浮标

海洋浮标是以锚定在海上的观测浮标为主体的海洋水文水质气象自动观测站。海洋浮标可按规定要求长期、连续地为海洋科学研究、海上石油开发、港口建设和国防建设收集所需海洋水文水质气象资料，特别是能收集到调查船难以收集的恶劣天气及海况的资料。浮标由浮标体、监测与数据采集系统、数据传输系统、供电系统、安全防护系统和锚泊系统等组成，可实现数据的自动采集、存储、传输等功能。

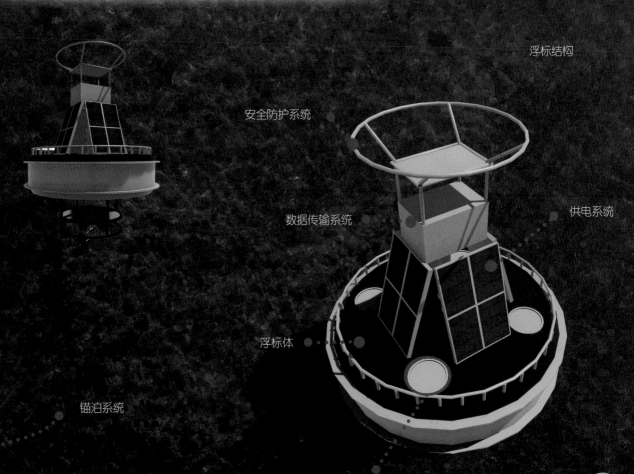

浮标结构

安全防护系统

数据传输系统

供电系统

浮标体

锚泊系统

监测与数据采集系统

◎ 3种典型的浮标系留方式

国内外普遍采用以下3种典型的浮标系留方式：悬链式系留、半张紧式系留和反向悬链式系留。决定系留类型的因素包括已部署水域的深度、成本因素等。

悬链式系留设备主要用于浅水区，其配置也最简单。当水深小于50m时，通常使用锚链作为系留链；当水深大于50m时，通常用钢丝缆代替系留链上部的锚链，以减轻系留链的重量。这种系留装置的成本很低，只能放置在浅水中，而且这种系留装置很难抵抗恶劣海况的冲击。此外，由于系留链与海床接触，对海床的生态系统也有一定的影响。

（a）

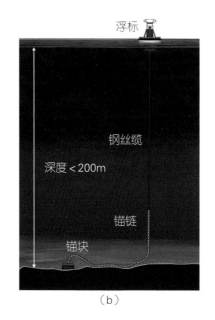

（b）

悬链式系留
（a）使用锚链的悬链式系留；（b）使用钢丝缆的悬链式系留

半张紧式系留系统使用弹性系留链将浮标系留在海面。系留链通常由尼龙、聚酯和聚丙烯制成。半张紧式系留系统的底部不与海床接触，因此对海洋生态环境影响很小。

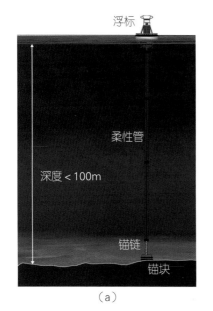

（a）

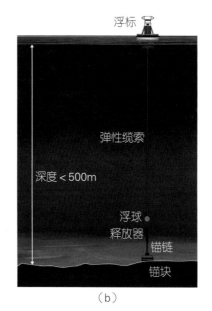

（b）

半张紧式系留
（a）使用柔性管的半张紧式系留；（b）使用弹性缆索的半张紧式系留

反向悬链式系留系统的最大特点是系留链的中间部分呈S形，系留系统的主体是具有一定顺应性且密度与海水相差不是很大的缆索，可选用聚丙烯、聚酯、尼龙等材料制作而成的缆索。在缆索的上下两端，通过锚链分别与浮标和锚块连接。在浅水段，通常会在缆索上加装防鱼咬护套；在缆索的中段会配置配重和浮球，使缆索的外形呈倒S形；在接近海底的下段，为了防止缆索与海床摩擦，通常选择使用

锚链来连接缆索与锚块，且在锚链上段配置浮球，以抵消一部分锚链的重量，下段使用重力锚或大抓力锚锚定浮标。这种类型的系留系统通常部署在深度大于500m的水中，可以抵抗高速水流的冲击，在极端海洋环境中具有较强的生存能力。在同等水深条件下，由于它需要的系留缆索比前面两种系留系统所需的缆索都长，组装也更加困难，所以这种系留系统的成本通常更高。

反向悬链式系留

◎ 波浪浮标

波浪浮标是一种用于长期、自动、定点、定时、全天候对海浪的波浪高度、波浪周期、波向、功率谱、方向谱等要素进行测量的小型浮标。波浪对海洋状况预报、海上运输、海洋开发、海洋渔业等活动都具有重要影响，因此波浪浮标可以为海洋水文气象预报、防灾减灾、海洋资源开发、海上交通、沿海工农业生产等提供信息支撑和服务。

波浪浮标

◎ 波浪发电浮标

波浪发电浮标可通过弹簧振子、直线电机将水面波浪能转化为电能，还可用于浮标数据的采集和传输，适合在光照不足以满足发电需求的情况下应用。

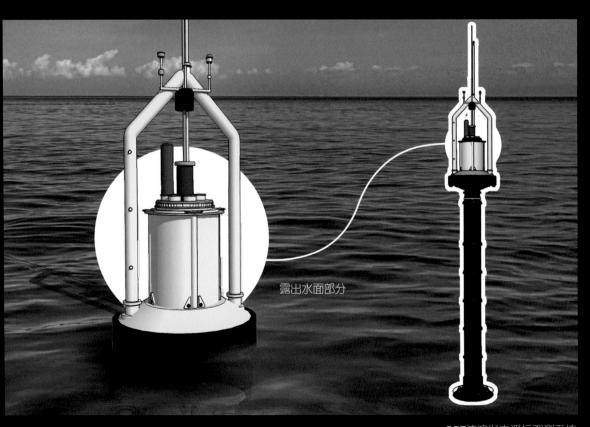

露出水面部分

OPT波浪发电浮标观测系统

海底立体观测

◎ 浮标基海底观测系统

浮标基海底观测系统由水面浮标、系留缆及海底观测接驳盒组成。该系统通过系留缆从海表向海底传输能源，海底的观测信息通过系留缆传输至海表，并最终传输至岸基。系统采用风光互补的方式供电，以提高系统的仪器搭载能力。在数据传输上，系统可选用北斗、铱星和无线通信等多种模式。

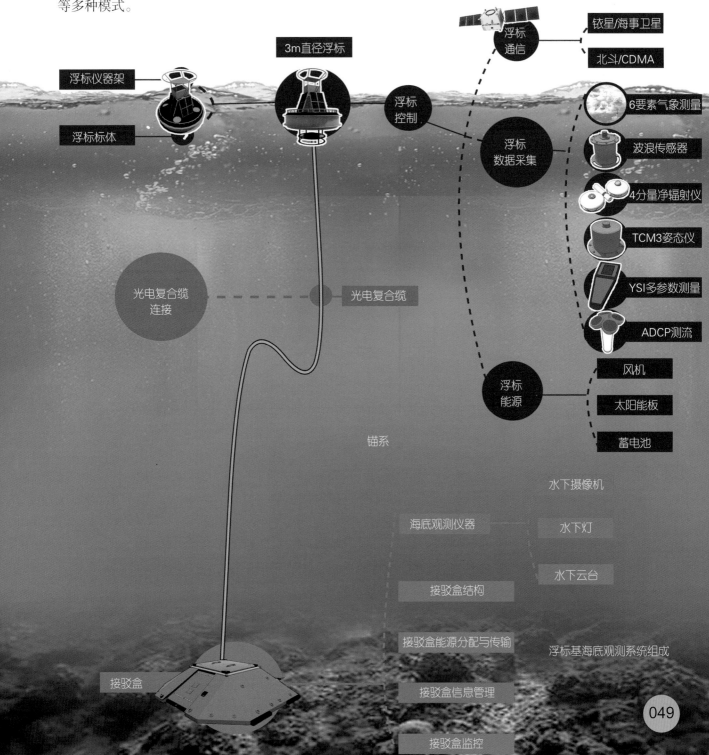

浮标仪器架

浮标标体

3m直径浮标

浮标通信　铱星/海事卫星　北斗/CDMA

浮标控制

浮标数据采集

浮标能源

6要素气象测量

波浪传感器

4分量净辐射仪

TCM3姿态仪

YSI多参数测量

ADCP测流

风机

太阳能板

蓄电池

光电复合缆连接

光电复合缆

锚系

水下摄像机

海底观测仪器　水下灯

水下云台

接驳盒结构

接驳盒能源分配与传输　浮标基海底观测系统组成

接驳盒信息管理

接驳盒

接驳盒监控

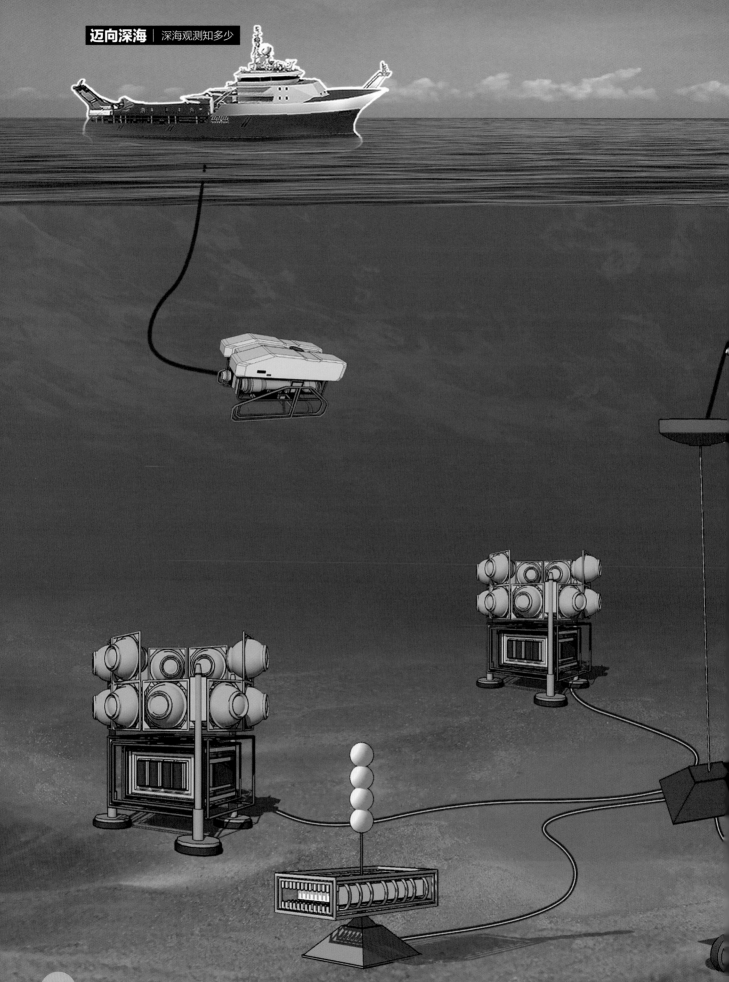

　　CSnet浮标基海底观测系统的设计以水面浮标作为能源、信息传输的中继端，构建剖面、海底观测系统，同时水面浮标兼顾海表观测。浮标经由机电缆、海底锚固点，连接多套缆系海底节点，缆系海底节点之间采用海底静态光电缆进行连接，可结合需求设计为环型、星型、树型结构。该系统采用柴油机供电，为海底多个观测节点提供1kW的功率，其搭载的VSAT卫星模块，能使数据传输速率达到1Mbps。

CSnet浮标基海底观测系统：星型组网观测

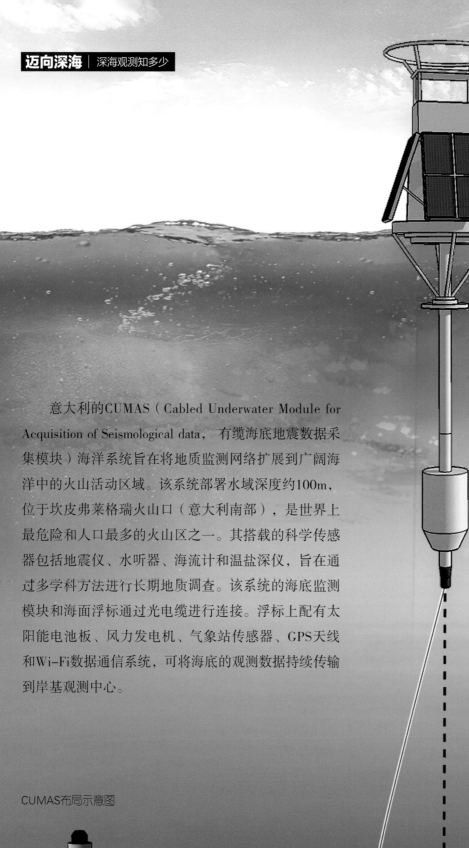

意大利的CUMAS（Cabled Underwater Module for Acquisition of Seismological data，有缆海底地震数据采集模块）海洋系统旨在将地质监测网络扩展到广阔海洋中的火山活动区域。该系统部署水域深度约100m，位于坎皮弗莱格瑞火山口（意大利南部），是世界上最危险和人口最多的火山区之一。其搭载的科学传感器包括地震仪、水听器、海流计和温盐深仪，旨在通过多学科方法进行长期地质调查。该系统的海底监测模块和海面浮标通过光电缆进行连接。浮标上配有太阳能电池板、风力发电机、气象站传感器、GPS天线和Wi-Fi数据通信系统，可将海底的观测数据持续传输到岸基观测中心。

CUMAS布局示意图

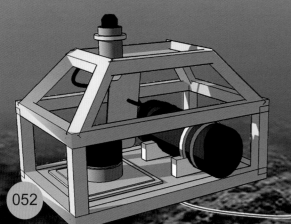

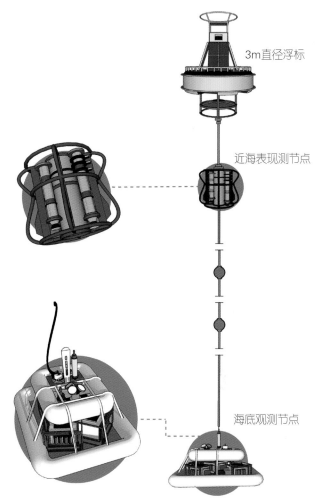

　　美国的大型海洋观测计划（OOI）设计的浮标基海底观测系统，其水面浮标直径多为3m，在浮标上搭载风机和光伏发电板来给系统供电，通过光电复合缆实现水面浮标与海底观测仪器之间的供电和通信功能。浮标端为4块太阳能板、2台风机，为整套系统提供大约80W的功率，搭载的仪器包括气象、海流、摄像机、水质传感器等。该系统布放水深超过500m，持续工作时间达半年至一年半。

3m直径浮标

近海表现测节点

海底观测节点

OOI浮标基海底观测系统

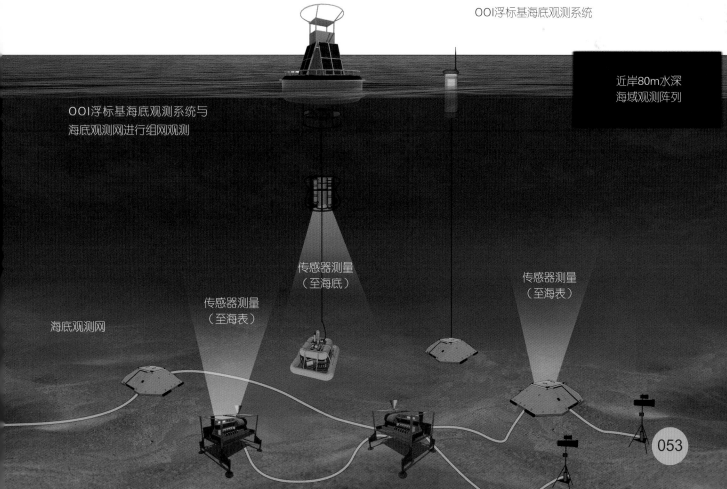

OOI浮标基海底观测系统与
海底观测网进行组网观测

近岸80m水深
海域观测阵列

传感器测量
（至海底）

传感器测量
（至海表）

传感器测量
（至海表）

海底观测网

浮标

近海表观测节点

水体感应耦合
观测节点

流速仪

感应耦合CTD

◎ 海气浮标–感应耦合潜标观测系统

海气浮标–感应耦合潜标观测系统将水面浮标与剖面感应耦合潜标技术结合，浮标通过感应耦合技术为剖面观测链上的CTD供电并收集观测数据。该方式既实现了海气界面的数据采集、实时传输，也实现了剖面水体观测数据的收集。

浮球

释放器

锚块　　　　　　　　　海气浮标–感应耦合潜标观测系统

◎ 通信浮标-爬绳潜标观测系统

通信浮标-爬绳潜标观测系统由通信浮标与爬绳潜标组成。爬绳潜标完成剖面观测，并将观测数据传输给通信浮标，经卫星通信将观测数据传输至岸基。该方式依靠通信浮标，解决了剖面观测的数据实时回传问题。通信浮标直径小，重数百千克，整套系统布放、回收方便，应用广泛。

浮标

浮球

连接头

剖面爬绳仪

测流仪

浮块

释放器

浮块

释放器

锚

通信浮标-爬绳潜标观测系统

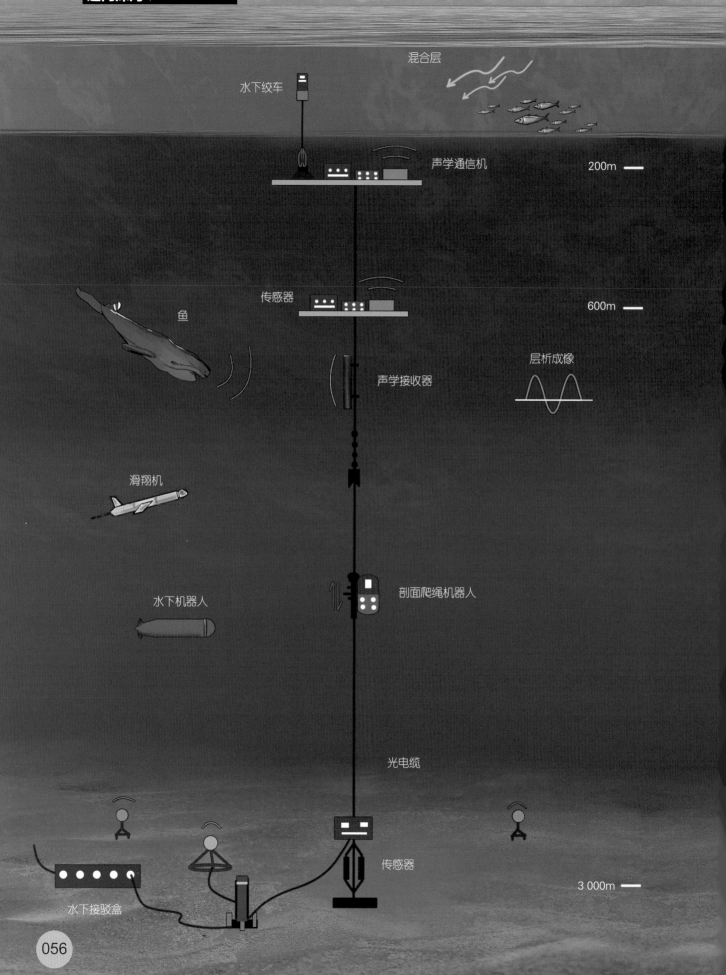

混合层

水下绞车

声学通信机

200m

传感器

鱼

600m

声学接收器

层析成像

滑翔机

水下机器人

剖面爬绳机器人

光电缆

传感器

水下接驳盒

3 000m

◎ 海底-ALOHA剖面观测系统

美国夏威夷大学的ALOHA剖面观测系统集成了近海表浮体、近海底浮体和剖面爬绳仪：2个浮体上面安装观测仪器；系留缆为光电缆，并通过海底观测接驳盒接入MARS的主观测节点。该系统通过水声通信机与周围的水下滑翔机进行通信、数据传输。ALOHA剖面观测系统在布放后，通过遥控水下机器人进行水下作业——遥控水下机器人将ALOHA端的光电缆通过湿插拔连接到MARS上。该系统验证了剖面观测技术、水下湿插拔作业技术及水下感应耦合充电技术等。

海底-ALOHA剖面观测系统

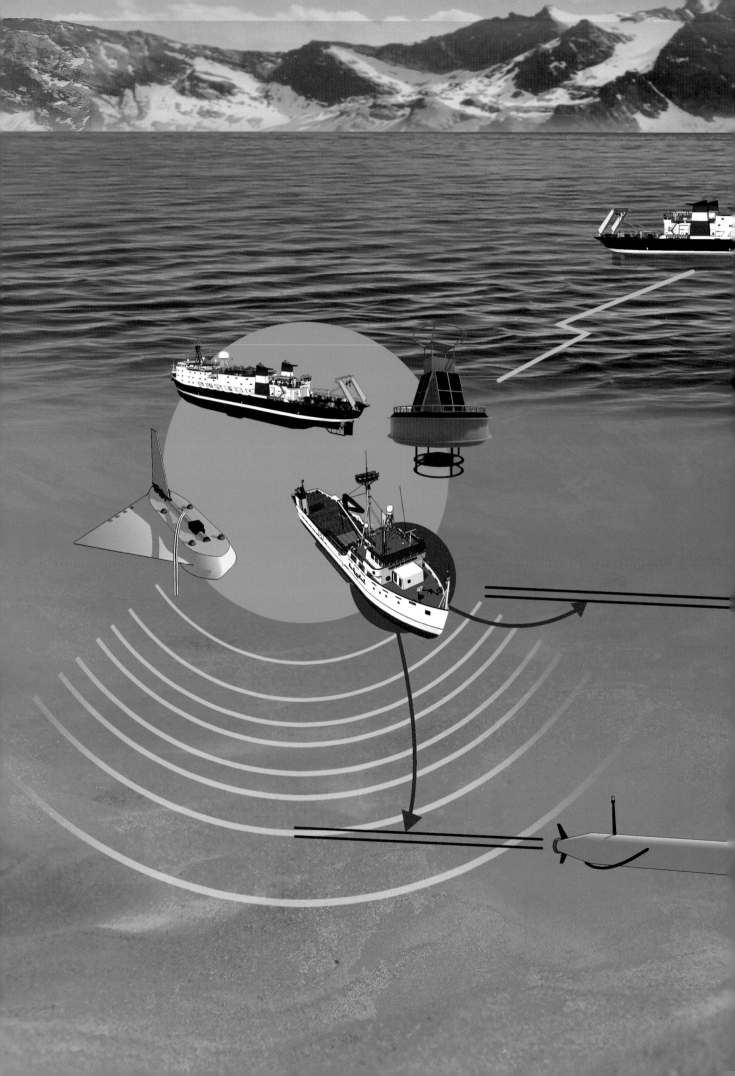

第4章 游走的神器
——深海移动自主观测系统

海洋移动观测体系

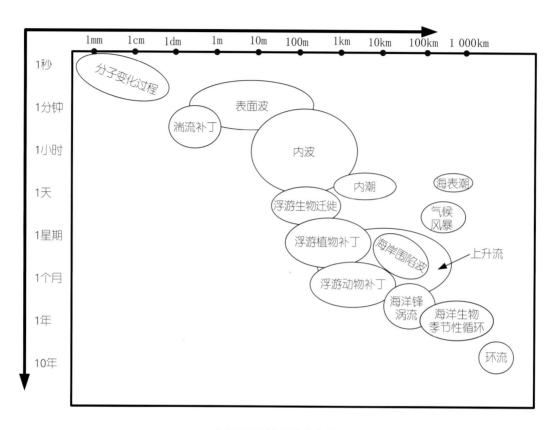

海洋现象时空尺度分布图

海洋移动观测的观测任务主要包括物理海洋观测、海洋生物观测、海洋生态观测等。各种海洋现象在时间、空间尺度上的变化快慢和观测密度各不相同，从观测任务和观测目标上分解，海洋移动观测包括区域覆盖观测、特征跟踪观测、垂直剖面观测、水平分层观测等。我们从观测对象和观测平台特性上对观测作业模式进行分类，随后对海洋特征进行提取，并设计相应的跟踪策略。

自适应区域覆盖，是指针对某些具有研究意义的海洋区域做撒点式覆盖采样，以了解整个采样区域的信息，进而对感兴趣的区域做

分析。由于海洋区域的时空分布密度是变化的，如何合理调度多水下滑翔机或其他采样平台对区域做覆盖式采样，使移动平台的分布密度和海洋时空变化的密度相协调，也使采样获得的数据能够尽可能全面，是区域覆盖采样的难点。通过覆盖观测，可获得观测区域的整体信息，然后对感兴趣的区域进行特征跟踪和断面观测。特征跟踪是针对呈现在固定水层的海洋现象的漂移过程进行跟踪，断面观测是针对海洋现象在断面变化明显的水层进行精细采样。

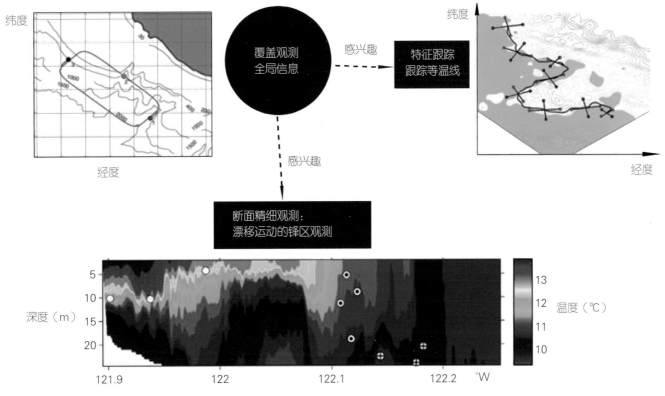

海洋自适应参数的特征跟踪、断面观测和自适应区域覆盖采样的观测思路

基于水下机器人（AUV）的移动观测系统，是这样组成的：

（1）观测任务规划：根据海洋现象的特性，分析其跟踪决策和约束条件；

（2）多观测平台路径规划：基于观测的历史数据和同化结果，对观测路径进行预规划与仿真；

（3）观测平台运动与控制：控制各平台按规划的轨迹运动，实现自身运动的闭环控制；

（4）观测数据估计与融合：针对获得的观测数据，进行分类、滤波、估计等；

（5）海洋模型与数据同化：根据历史数据和少量的观测数据，基于插值、海洋现象的原理、微积分理论等对海洋过程建立预测模型，获得大规模的同化数据。

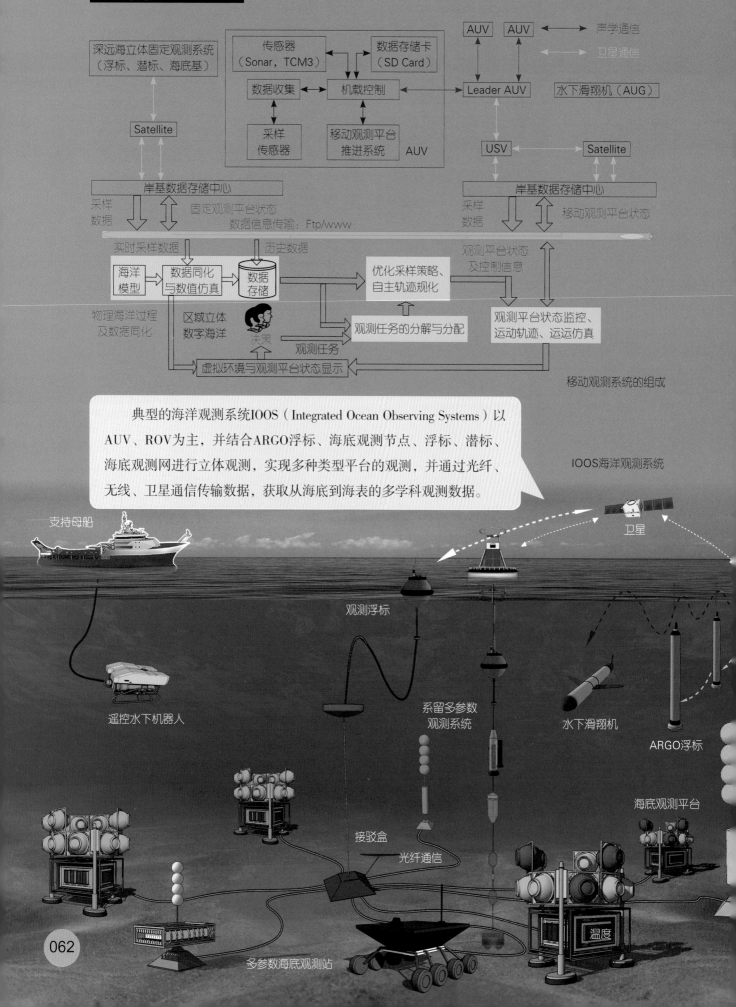

典型的海洋观测系统IOOS（Integrated Ocean Observing Systems）以AUV、ROV为主，并结合ARGO浮标、海底观测节点、浮标、潜标、海底观测网进行立体观测，实现多种类型平台的观测，并通过光纤、无线、卫星通信传输数据，获取从海底到海表的多学科观测数据。

IOOS海洋观测系统

单水下机器人：智勇双全出奇兵

◎ 半自主作业水下机器人

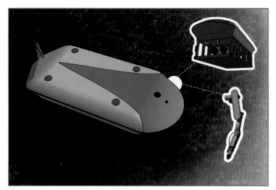

（a）SAUVIM海上试验

SAUVIM（Semi-Autonomous Underwater Vehicle for Intervention Missions）是一款半自主作业的水下机器人，搭载一个作业机械手，用于在非结构化、不确定的环境里作业。它搭建了半物理仿真系统，模拟水下机器人自主作业过程，即借助传感器的测量信息进行自主操作。它的半物理仿真系统，一套在SAUVIM的板载控制系统上，通过摄像机实时反馈作业场景的信息；另一套是单独的控制板卡，用于模拟仿真。通过2套仿真信息的反馈和比对，它能模拟水下作业过程中遇到的问题并进行改进，提高水下作业的智能化。

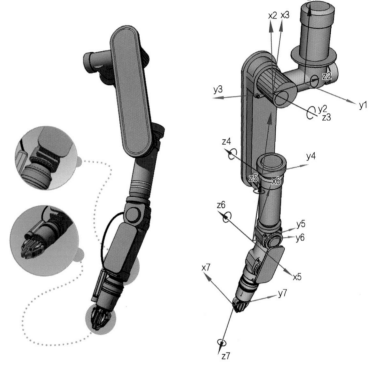

（b）SAUVIM作业机械手（MARIS 7080）

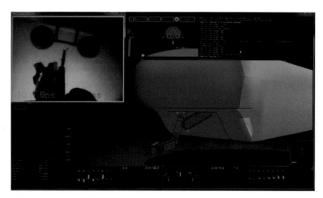

（c）SAUVIM 仿真系统

半自主作业水下机器人（SAUVIM）

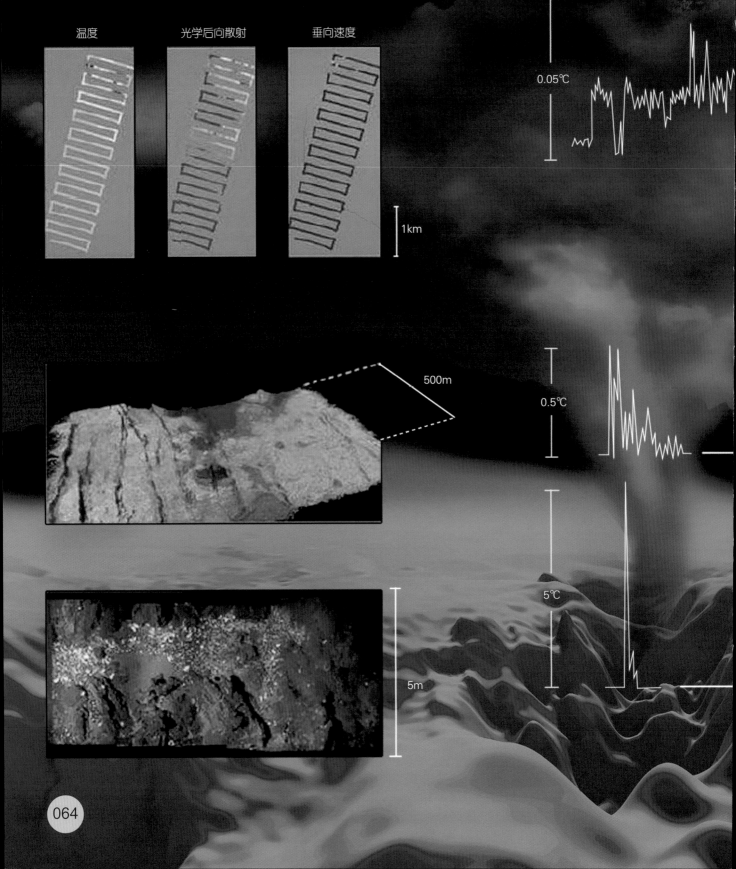

温度　　　　　光学后向散射　　　　垂向速度

0.05℃

1km

500m

0.5℃

5℃

5m

064

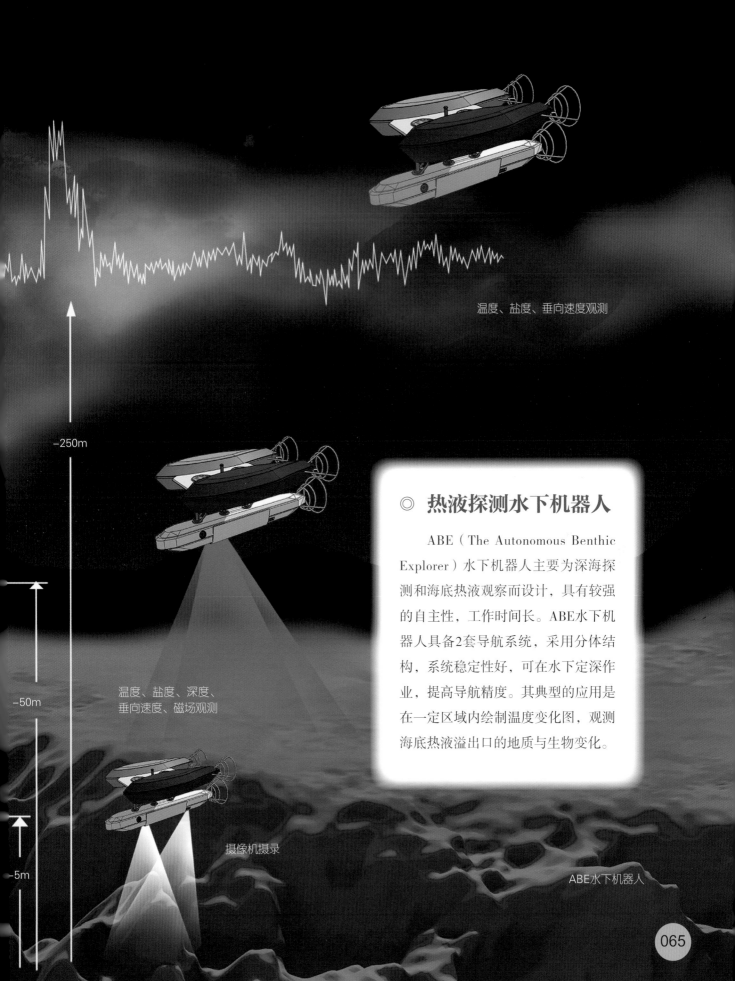

温度、盐度、垂向速度观测

−250m

◎ 热液探测水下机器人

ABE（The Autonomous Benthic Explorer）水下机器人主要为深海探测和海底热液观察而设计，具有较强的自主性，工作时间长。ABE水下机器人具备2套导航系统，采用分体结构，系统稳定性好，可在水下定深作业，提高导航精度。其典型的应用是在一定区域内绘制温度变化图，观测海底热液溢出口的地质与生物变化。

温度、盐度、深度、
垂向速度、磁场观测

−50m

摄像机摄录

−5m

ABE水下机器人

◎ 长航程观测水下机器人

Tethys AUV是一款长航程观测的水下机器人，具有能耗小、工作时间长、工作范围大等优点，广泛应用于海洋观测中。其作业范围可达数百至数千千米，工作时间可达数月。它能通过内置皮囊调整系统的浮力，实现上浮、下潜；采用推进器推进，低速航行。该AUV的传感器舱段可根据具体需求进行更换，可通过定深控制，搭载采水器在设定深度采集水样，还可搭载微生物采集装置实现微生物富集。

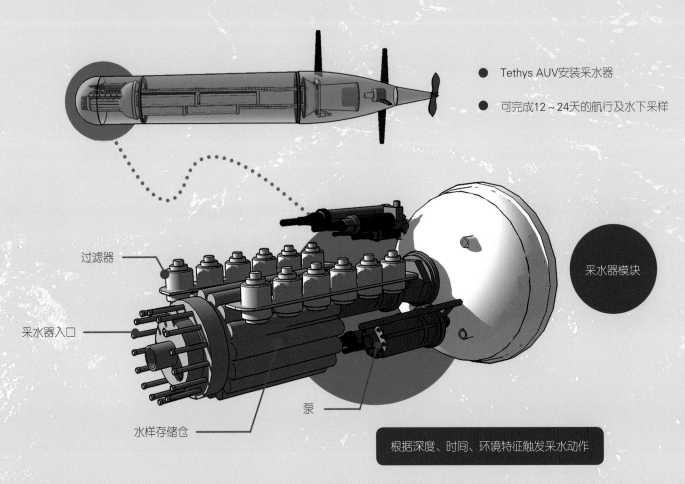

● Tethys AUV安装采水器

● 可完成12～24天的航行及水下采样

过滤器

采水器入口

水样存储仓

泵

采水器模块

根据深度、时间、环境特征触发采水动作

（a）传感器舱段：采水器

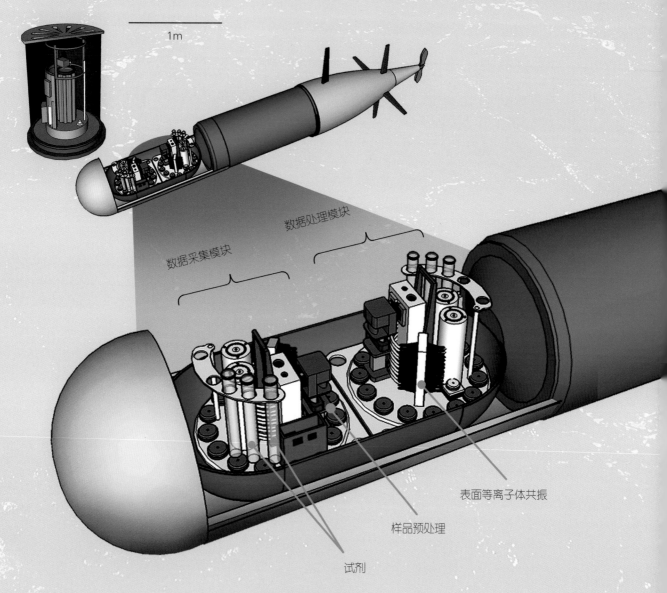

1m

数据处理模块

数据采集模块

表面等离子体共振

样品预处理

试剂

（b）传感器舱段：微生物观测站

Tethys AUV（MBARI）　取样水体、精细海洋观测

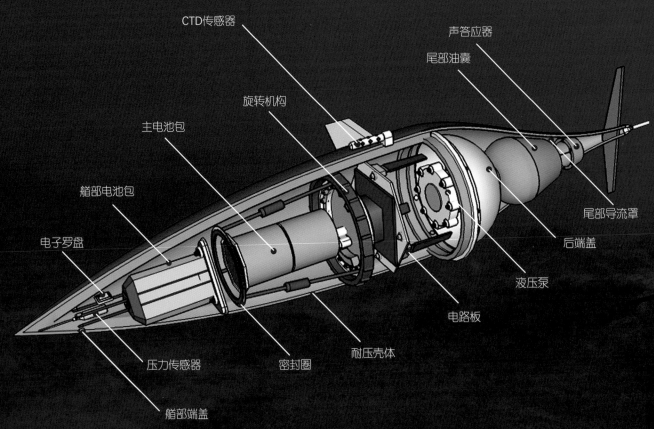

CTD传感器
声答应器
尾部油囊
旋转机构
主电池包
艏部电池包
电子罗盘
尾部导流罩
后端盖
液压泵
电路板
耐压壳体
密封圈
压力传感器
艏部端盖

Sea glider水下滑翔机为最早研发的水下滑翔机

◎ 水下滑翔机：新概念水下机器人

　　水下滑翔机是一种将ARGO浮标和水下机器人技术结合的新概念水下机器人，其运动巧妙地借助了机翼的升力和自身的净浮力。

　　水下滑翔机一般采用流线低阻外形，有典型的锯齿滑翔和三维螺旋滑翔2种运动轨迹。

　　水下滑翔机依靠1个电池质量块的转动使机身横滚，从而使升力产生水平分量，最终实现滑翔机的转向；并依靠2个质量块分别沿机翼方向和垂直于机翼方向的移动来实现机身的横滚，最终产生升力的分量来实现转向。

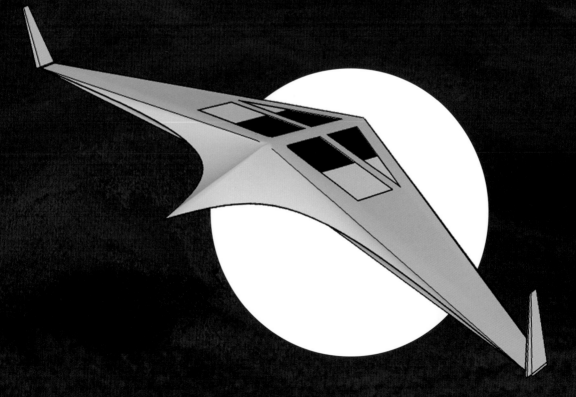

水下滑翔机的运动特性使其能做到能耗小、工作时间长、工作范围大，其作业范围可达数百至数千千米，工作时间可达数月至1年。

XRay水下滑翔机，翼展可达6m，速度可达到2kn以上，下潜深度为1 500m，极大地增强了观测仪器搭载的能力

多水下机器人：协同观测齐作战

自主式海洋采样网（Autonomous Ocean Sampling Network，AOSN）是指采用多水下机器人、水下滑翔机平台进行自主观测，并将观测数据实时同化，提高物理海洋、化学过程的估计。水下滑翔机在观测中的作用主要有2个方面：一方面跟踪海洋特征，如上升流跟踪；另一方面是利用大量滑翔机平台进行海洋特征覆盖采样。

AOSN分别在2000年、2003年和2006年进行了3次大规模的海上试验，验证了各种先进的、适用于区域性海洋环境自适应观测的采样技术。2003年8月开展的AOSN-Ⅱ试验中，应用12个Slocum水下滑翔机和5个Spray水下滑翔机，对蒙特利海湾上升流和生物、物理现象进行了调查，完成了40天的调查试验，获得了12 000组垂直剖面试验数据。2003年AOSN海上试验过程中，Slocum滑翔机观测了蒙特利海湾西北部方向涌升现象的轨迹。通过这些海上试验，海洋学家获得了高分辨率的观测数据，提高了对海洋上升流、跃层和锋面的认识与理解，充分显示了基于多水下滑翔机构建的自主式海洋采样网在海洋环境观测中具备的优势。

自主式海洋采样网

海洋特征跟踪是采用多个水下观测平台对特定海洋参数进行边界或梯度跟踪，确定其尺度、范围或极值位置，包括对采样数据的估计和多机器人采样过程中队形跟随、协调控制——例如温度场等值线跟踪观测，就是先针对采样平台的观测值做数据分析和估计，以获得特征场及其梯度。采样仪器误差和背景场时空特性变化会使实际的观测数据与真实海洋环境场有一定差别，对温度场及其梯度的估计需要滤除观测中的仪器误差及海洋时空变化误差等，以确保对观测数据处理后能够逼近环境真值。

针对海洋特征跟踪，需要通过多个滑翔机观测值分析出观测点处估计值和对应的梯度，利用采样数据估计的结果、跟踪目标去引导下一个采样周期多观测平台的移动方向和速度等。将采样数据分析与队形控制相结合，可解决多观测平台队形中心的控制问题，即决定多观测平台下一时刻的移动方向——当平台运动到新的位置后进行下一次观测和采样，这样海洋数据采样滤波和观测平台的运动就能形成一个有反馈的系统。

2000年，3个Sea glider水下滑翔机在蒙特利湾进行了水下滑翔机编队试验，在15km的海域内进行了连续10天的海域断面数据观测，并采用远程控制的模式，分析采样数据并同步优化滑翔机的编队与控制。

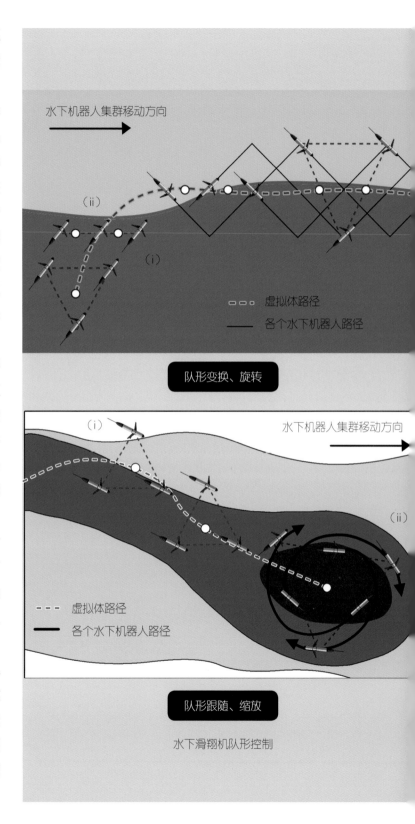

水下机器人集群移动方向

□□□ 虚拟体路径
—— 各个水下机器人路径

队形变换、旋转

水下机器人集群移动方向

□□□ 虚拟体路径
—— 各个水下机器人路径

队形跟随、缩放

水下滑翔机队形控制

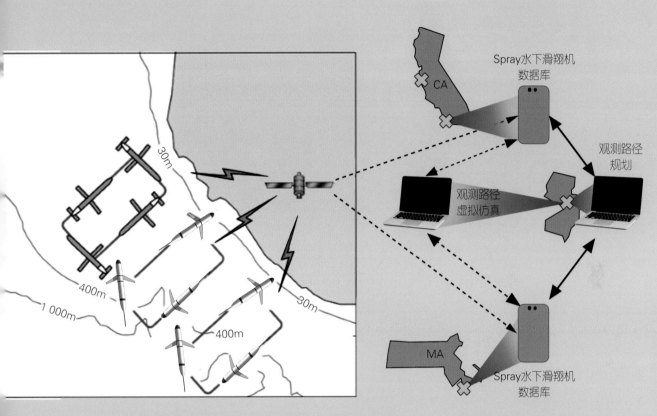

多水下滑翔机协同观测：左图是多水下滑翔机协同观测采样，以了解观测区域的整体信息。多套水下滑翔机布放后，通过铱星通信，实时获取其位置，并进行路径规划，使多套水下滑翔机尽可能覆盖到整个区域，以了解整体观测区域的信息。右图是建立的半物理仿真系统，模拟水下机器人自主作业过程，即借助传感器的测量信息，进行自主观测技术的研究

　　区域覆盖观测是针对特定的海洋区域做撒点式覆盖观测采样，了解整个观测采样区域的信息。海洋特征跟踪是在覆盖观测的基础上，对感兴趣的海洋现象进行跟踪观测，这些现象的特性体现在海水水体的温度、盐度、叶绿素等方面，如上升流的跟踪和海洋锋面的研究；而在水体特性上分别体现为温度场和盐度场的梯度、高阶Hessian矩阵的信息。

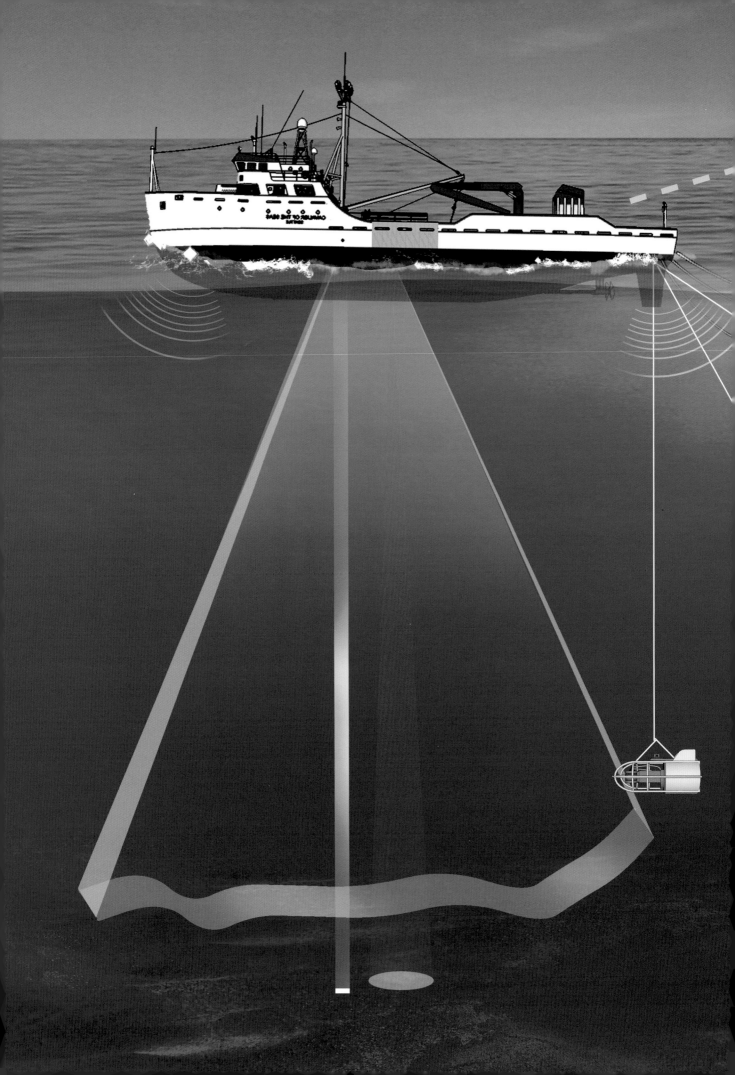

第5章 科考船的小尾巴
——船载拖曳观测设备

接收船

船载供电及甲板端监控单元

深拖缆（与船连接）

海洋科考船拖曳系统是探索海洋的一类重要工具，用于海洋科学研究、海洋资源勘探、声学传播特性研究等，典型的有CTD拖曳剖面仪、电磁拖曳勘探系统、拖曳声呐系统、电视抓斗等。海洋科考船拖曳系统包括拖体、拖曳缆、液压收放绞车等。拖曳缆需在承受拖曳张力的同时，为拖体提供数据传输、能源供给的通道。

拖曳式主采集站

中性浮力链缆

距海底深度20～50m

发射船

海面

拖曳式大功率
射频电磁发射系统

最大水深2 000m

多分量
电磁采集站

多分量
电磁采集站

海洋科考船拖曳系统及其典型应用：油气勘测

海底

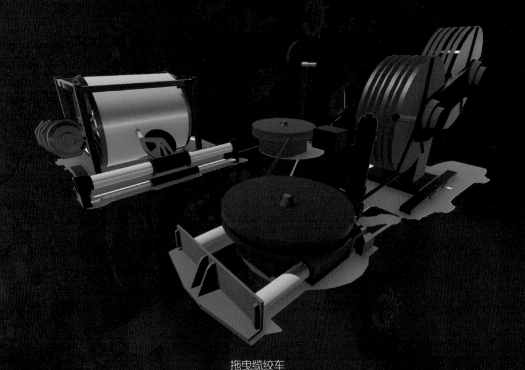

拖曳缆绞车

船载液压绞车

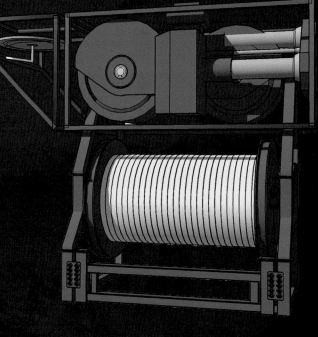

水下拖曳系统通常包括拖曳缆、储缆绞车、牵引绞车、升沉补偿装置等。对于轻载的拖曳系统，储缆绞车、牵引绞车可设计为一体，通过该绞车同时完成牵引和补偿功能，可采用电动驱动或液压驱动；对于重载的拖曳系统，则一般采用液压驱动，为降低对储缆绞车的压力冲击，避免缆的压陷，结构上会分为储缆绞车、牵引绞车。拖曳缆依次通过储缆绞车、牵引绞车，牵引绞车和钢缆之间的摩擦力可以吸收掉大部分钢缆的张力，储缆绞车的张力可以保持一个恒定值。

遥控水下机器人ROV绞车系统组成。图为Dynacon公司5521XL型绞车

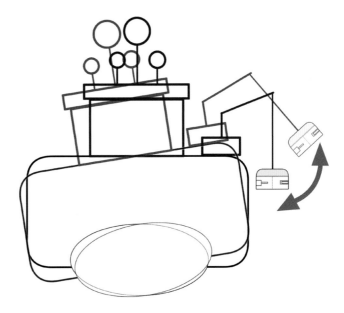

母船运动对海洋装备的影响（示意）

处于深远海工作的水面支持船往往要面对变化无常的海洋，工作环境恶劣，容易受到台风、海浪、海流的影响。尤其是遇到恶劣海浪时，整个作业系统需要快速转移到安全区域。因此，为了让拖曳系统能稳定可靠地工作，需要对水面支持船进行三自由度控制和动力定位。通常水面支持船的横荡、纵荡可由动力定位实现，并配备有专门的用于补偿横摇、纵摇、艏摇的装置，这类船舶的成本和作业时的能耗较大。而且，对于重力方向的升沉运动，水面支持船很难做到补偿，需要在水面支持船的重载液压绞车上设计专门的升沉补偿装置，用于补偿母船升沉运动对脐带缆的冲击影响。

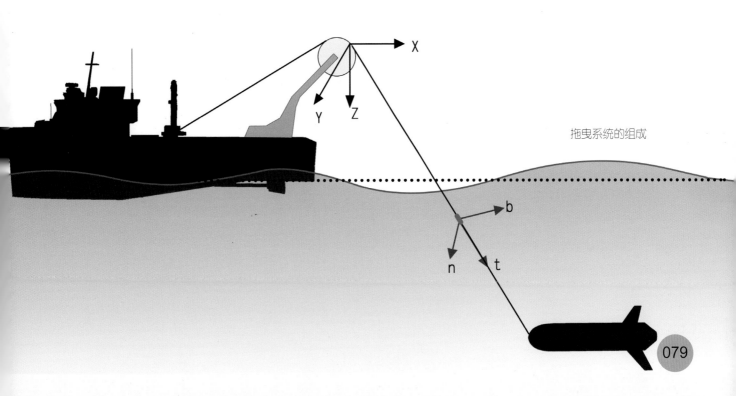

拖曳系统的组成

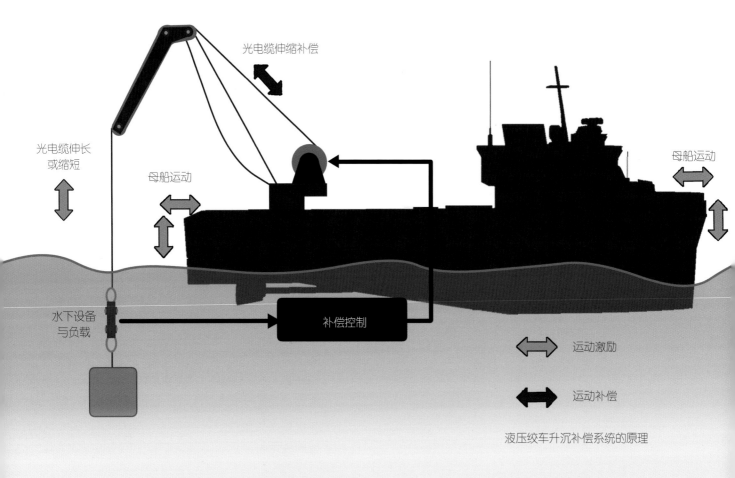

光电缆伸缩补偿

光电缆伸长
或缩短

母船运动

母船运动

水下设备
与负载

补偿控制

运动激励

运动补偿

液压绞车升沉补偿系统的原理

　　日本万米级的"海沟"号ROV，在1995年成功探测了世界上最深的马里亚纳海沟，水深为10 911.4m。然而它却在2003年5月29日日本南部太平洋海域4 673m海底回收过程中丢失，事故原因为中继器的升沉运动造成对脐带缆的冲击，并最终导致脐带缆的断裂。

温盐深绞车拖曳观测系统

　　拖曳式观测系统通过科考船拖带水下观测系统（拖体），拖体携带传感器，与母船之间采用拖缆连接，完成对水下环境要素的测量。典型的拖曳式观测系统有温盐深（CTD）绞车，其可在船舶走航时进行连续测量，满足船舶高速走航、实时、快速、大面积、连续剖面的测量需求。该系统获取的观测资料具有代表性和实用性，提高了科考船的工作效率。

　　系统采用的拖缆可选用包塑钢缆，沿缆分布多个鱼鳍状传感器单元（测量温度、电导率、压力），其鱼鳍状的外形降低了拖缆的阻力。包塑钢缆可将电能传输到缆上的多个传感器，传感器的数据也可以通过包塑钢缆回传。

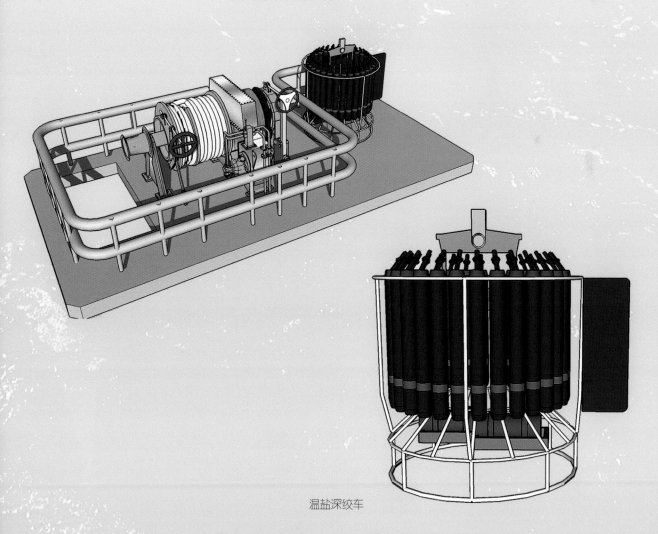

温盐深绞车

海洋地震勘探拖缆系统

海洋地震勘探技术是现代海洋油气资源勘探技术的一种主流技术，在20世纪初已开始应用。其主要原理是通过安装在船上的震源装置发射地震波，经海底反射后，由安装在水下拖缆上的水听器接收，通过对反射回来的地震波的采集与分析，获得地下地质结构等数据，分析资源储量和可开采程度。

海洋地震勘探拖缆系统是一种海洋四维地震勘探设备。系统包括海洋地震物探船、水上监控系统、光电拖曳缆、拖体等。海洋地震物探船航速为2~8kn，拖体用以限定拖缆首端位置，母船通过放炮的方式人造振动，振动传输到海底并反射到拖缆上，拖缆上的传感器接受反射后的地震波，用于研究海底地形和油气勘探。拖缆采用零浮力缆，可使缆处于水平状态。缆的长度一般为3~8km，搭载水听器、姿态传感器等。

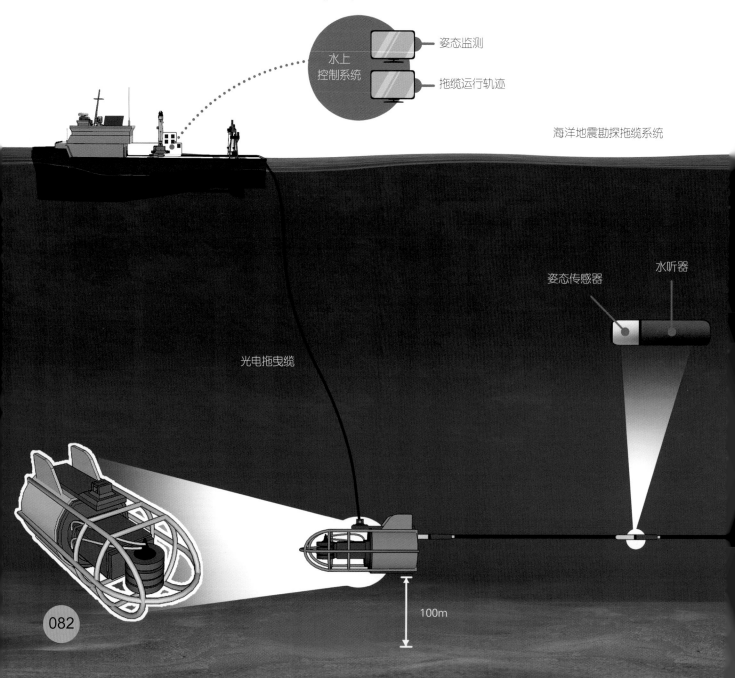

姿态监测

拖缆运行轨迹

水上控制系统

海洋地震勘探拖缆系统

姿态传感器

水听器

光电拖曳缆

100m

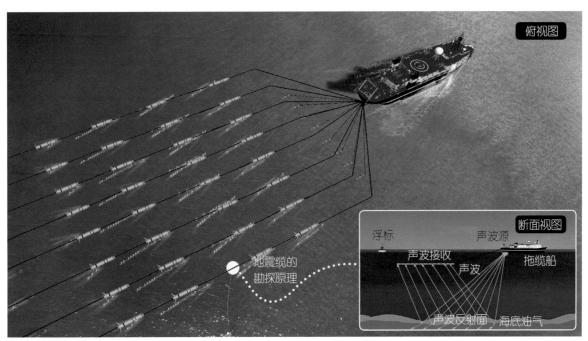

俯视图

断面视图

浮标　声波源

声波接收　声波　拖缆船

声波

地震缆的
勘探原理

声波反射面　海底油气

海洋地震勘探拖缆系统：单船多缆

水下显微成像拖曳观测系统

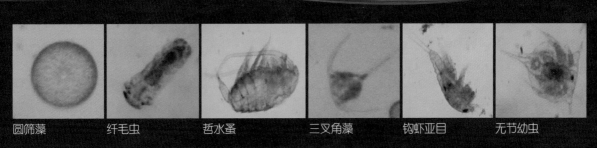

圆筛藻　　纤毛虫　　哲水蚤　　三叉角藻　　钩虾亚目　　无节幼虫

典型海洋浮游生物

　　海洋浮游生物是一个庞大的生态群落，是由初级生产链的浮游动植物组成的。这些浮游动植物的个体较小，长度从几微米至几毫米，多数种类需借助显微镜进行观看。浮游动植物无行动器官（如鱼的鳍），靠自身形体结构在水中浮游。该类观测缺乏高分辨率、大尺度、长时间持续数据，特别是浮游生物群落组成结构、时空变化及优势类群的动态分布等信息。水下显微成像便成为观测浮游生物的有效方式。

　　水下原位显微成像是将光学成像系统集成在水下拖曳体、垂直平面观测仪器上，对水体的浮游动物丰度和分布进行实时成像，比较有代表性的如美国南佛罗里达大学的灰度图像颗粒探测、法国的水下摄像剖面装置、美国流体成像技术公司开发的流式细胞显微镜系统等。

水下显微成像拖曳观测浮游生物视频记录仪（Video Plankton Recorder, VPR）

表层区

200m

中层区（暮光带）

1 000m

深海区

4 000m

深海区

6 000m

海斗区

海洋暮光带拖曳观测系统Deep-See

深水油气勘探拖曳声学观测系统

　　拖曳声学观测系统搭载水听器，可用于海洋油气田勘探。深水油气勘探拖曳声学观测系统工作的基本原理，就是通过水下的高压气枪产生声波并传播至海底，引起海底的震动，从而人工构造出地震波，然后在气枪附近的水中，通过拖缆的工作段接收并存储海底反射的地震波数据。

　　深水油气勘探拖曳技术研究的是地下不同地质构造引起的地震响应的变化，其本质为声波阻抗的变化，借助于声波阻抗反

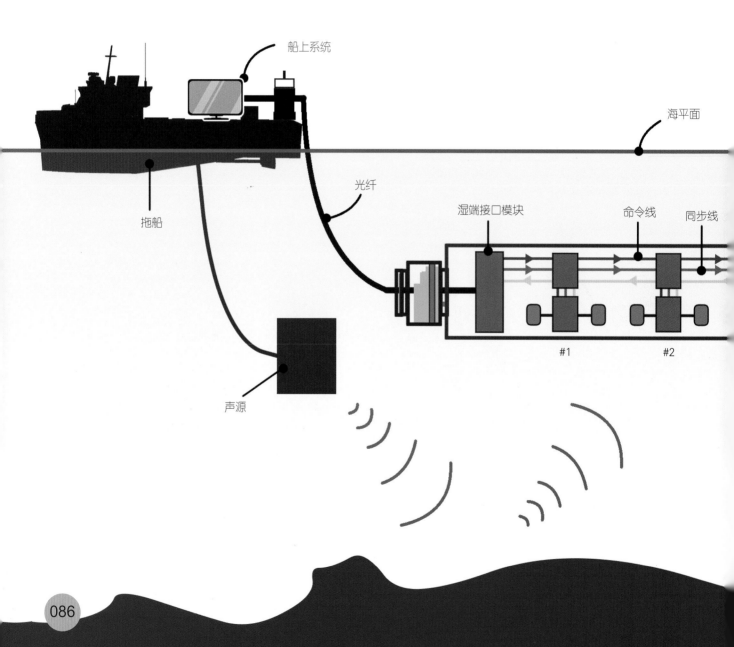

演，就可以获取海底地下的信息。该系统主要由声源系统、水下的拖缆数据采集系统和传输缆系统，以及船上（室内）数据处理及控制系统组成。

拖曳声学观测系统由若干个采集板与水听器组成，一个采集板接收若干个水听器的地震数据，每个采集板与若干个传输板相连接。拖缆的最小单位是传输板，每个传输板与若干个采集板相连接，传输板之间采用串行级联的方式。

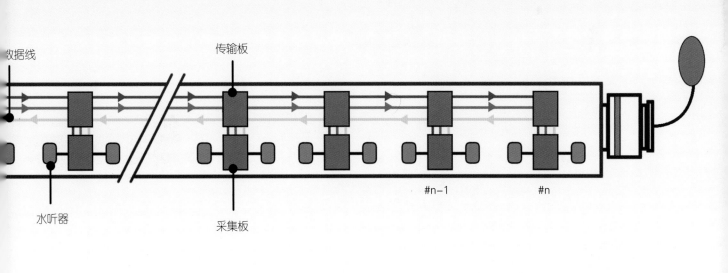

深水油气勘探拖曳声学观测系统

波浪滑翔机拖曳观测系统

波浪滑翔机（Wave-Glider）最早由美国的Liquid Robotics Inc 公司开展研究与应用。波浪滑翔机包括水面浮体和水下滑翔体2个部分，中间用一个既能传递电能又能通信的柔性系缆进行连接。浮体的尺寸是2.1m×0.6m，水下载体的尺寸是0.4m×1.9m，翼宽1.1m，系缆长7m，重量约为75kg，平均航行速度为1.5kn。与其他的海洋观测平台相比，波浪滑翔机具有很强的续航能力及负载能力，可以面向不同应用搭载不同的传感器进行观测。

结合海洋声学观测的需求，可在波浪滑翔机的水下滑翔体上搭载一套小型的声学记录器，用于记录海洋生物的发声；也可将其用于水下大型舰船的声学特性监听。监听的数据，可通过飞机或卫星回传到岸站。

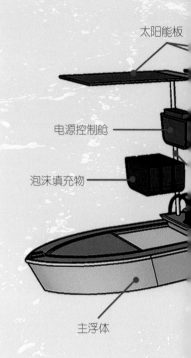

太阳能板

电源控制舱

泡沫填充物

主浮体

水下滑翔体

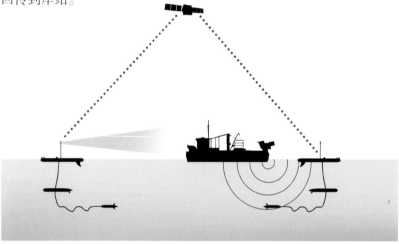

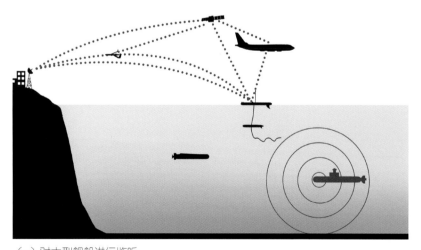

（a）对大型舰船进行监听

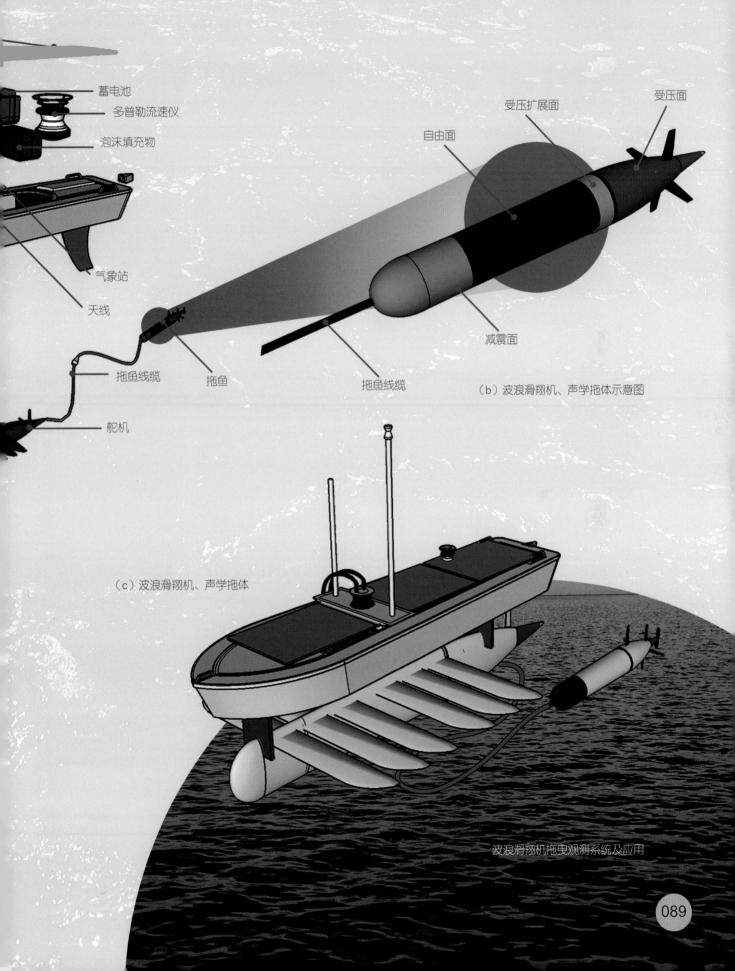

蓄电池

多普勒流速仪

泡沫填充物

气象站

天线

拖鱼线缆

拖鱼

舵机

自由面

受压扩展面

受压面

减震面

拖鱼线缆

（b）波浪滑翔机、声学拖体示意图

（c）波浪滑翔机、声学拖体

波浪滑翔机拖曳观测系统及应用

第6章　海底世界的天罗地网
——海洋观测系统集成与组网

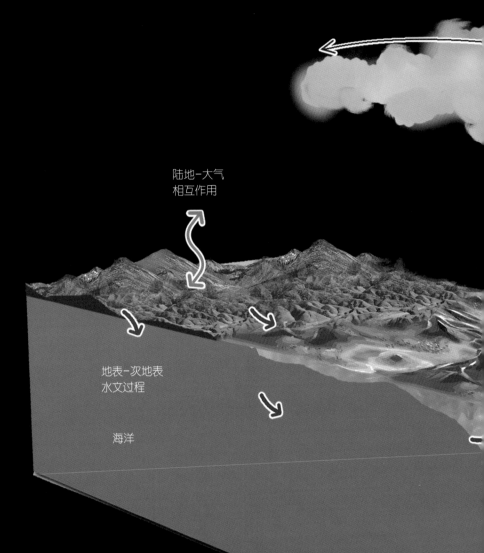

陆地-大气
相互作用

地表-次地表
水文过程

海洋

陆地

　　海洋特征及其变化受时间、空间的影响。针对同一海洋现象，在不同的海域，不同的季节，海洋科学定义该现象发生的条件、阈值都不一定相同，观测方式也各不相同。有些海洋现象的变化反映在水平方向上，需要调整观测平台的分布密度；有些海洋现象的变化反映在剖面上，且随海水水体深度变大而变小，实际可采用非均匀的观测方式；有些现象呈三维特性，如上升流，在剖面上体现为温度低、盐度高的海域，在水平面上则表现为海水涌升，形成一个富营养盐区域。

　　针对海洋过程中的科学问题，如物理过程、化学现象的产生、演变、消亡，可以开展长期的海洋监测，利用不同的平台进行观测，并发挥这些平台各自的优势，就是海洋观测系统集成与组网。这些观测平台包括浮标、潜标、海底节点、海底观测网、水面无人船、水下机器人、波浪滑翔机等。

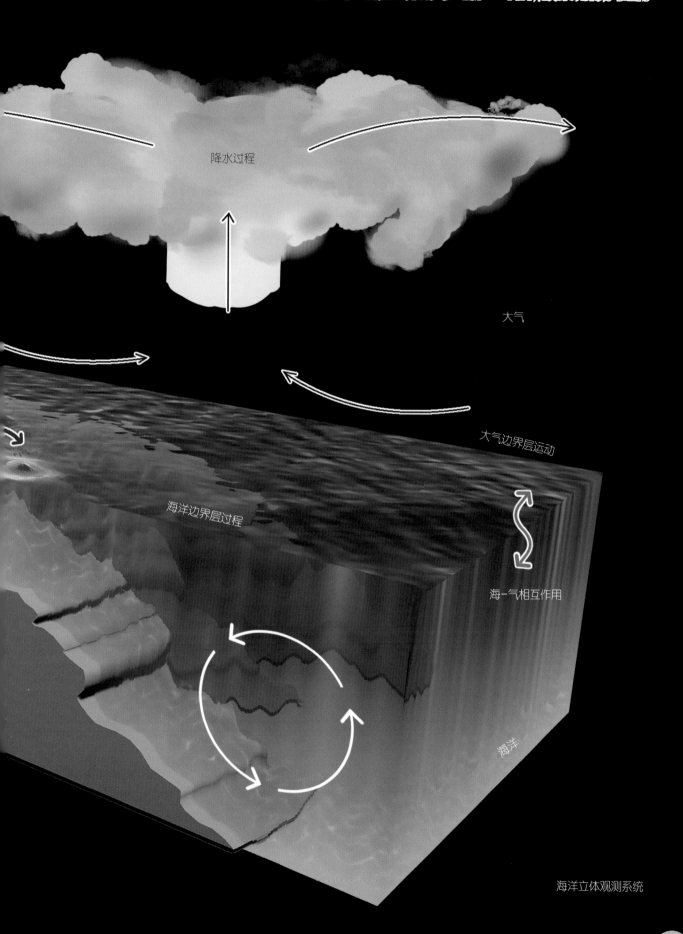

降水过程

大气

大气边界层运动

海洋边界层过程

海-气相互作用

海洋

海洋立体观测系统

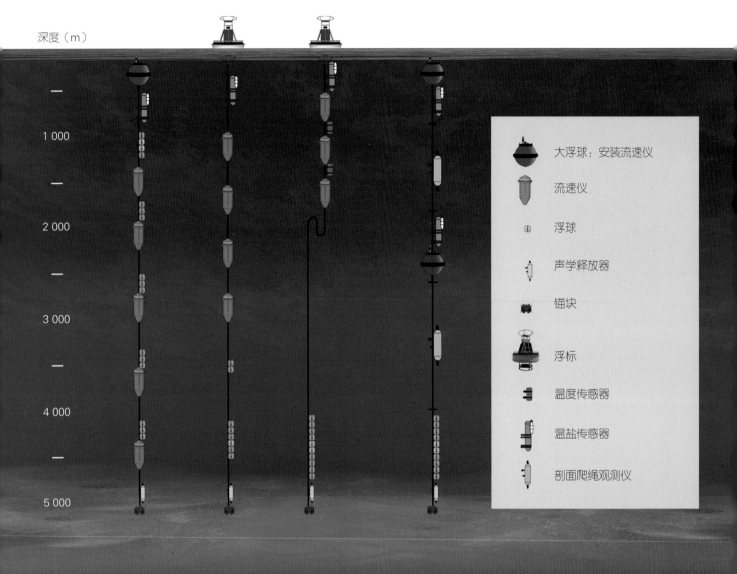

深度（m）

1 000

2 000

3 000

4 000

5 000

	大浮球：安装流速仪
	流速仪
	浮球
	声学释放器
	锚块
	浮标
	温度传感器
	温盐传感器
	剖面爬绳观测仪

浮标与潜标组网

浮标与潜标组网

　　浮标、潜标是最早也是最常见的观测手段，浮标观测网、潜标观测网也是最早构成组网阵列的系统。

　　浮标用于水面水文、气象监测和近岸台风与气候灾害预警，浮标系留链上挂载CTD、ADCP等仪器进行剖面观测，用于物理海洋学的研究。浮标观测网主要用于近岸。

　　潜标主要是在观测链上搭载CTD、ADCP等，主要用于物理海洋的研究。

声学潜标阵列Neutrino Telescope用于声学特性的研究与观测。多套潜标搭载在CTD、水听器、深度计等仪器上，接入到海底观测网中，实现声学数据、温盐数据的实时观测与数据采集。

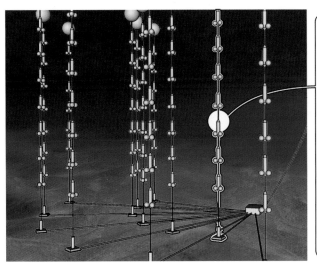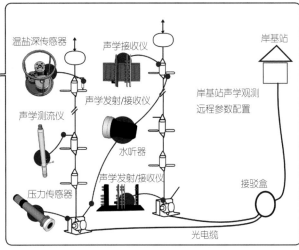

声学潜标阵列Neutrino Telescope

传统潜标与水下滑翔机组网

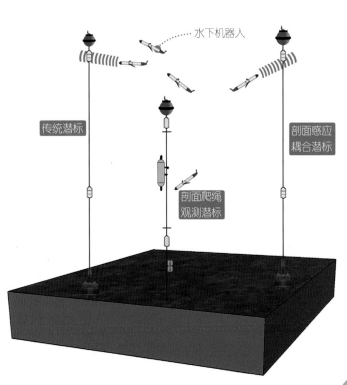

传统潜标与水下滑翔机组网，潜标对固定点进行剖面观测，水下滑翔机对2个潜标之间的断面进行锯齿状观测。潜标和水下滑翔机之间通过声学通信机进行通信

水下滑翔机、水下
机器人组网

OOI海洋计划中，水下滑翔机观测采样也得到了很大的应用。多套水下滑翔机设定路径进行观测采样，与固定基锚系观测系统进行协同观测。

OOI水下滑翔机组网观测

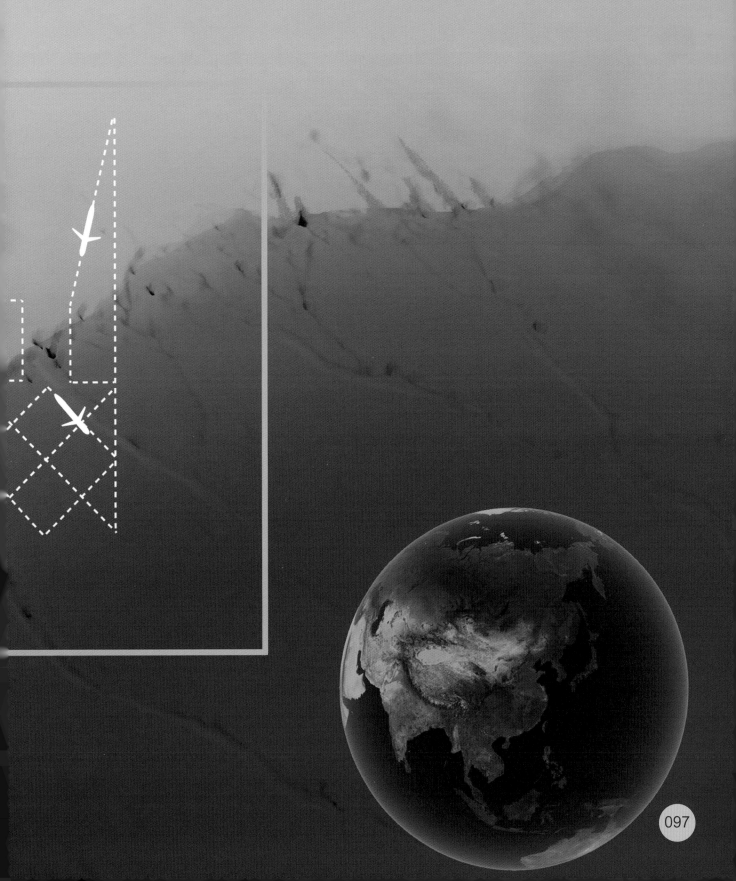

传统浮标、潜标与水下滑翔机组网

水下滑翔机在浮标、潜标之间的断面进行观测，通过声学通信机收集潜标的数据，待浮出水面后回传，潜标的数据也可通过声学通信机传输到浮标，并最终传输到岸基。

该组网模式下，观测范围和潜标、浮标之间的间距取决于观测对象的时空特性。锚系阵列之间的距离一般选择为10倍水深。

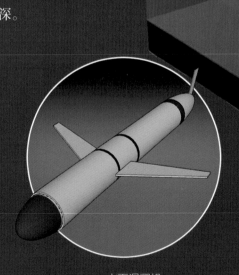

水下滑翔机

水下滑翔机

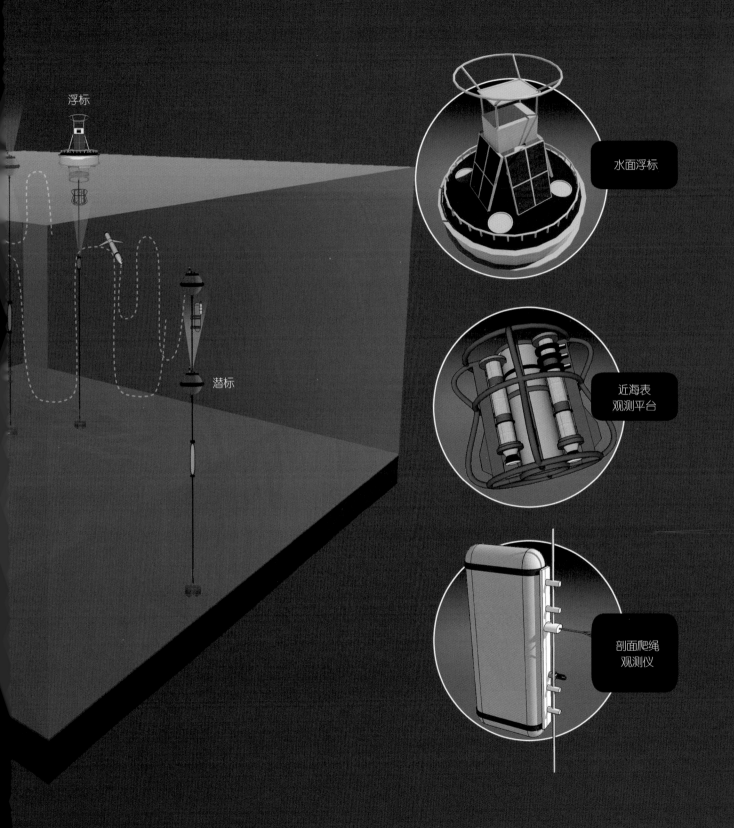

浮标

潜标

水面浮标

近海表
观测平台

剖面爬绳
观测仪

传统浮标、潜标与水下滑翔机组网

海底观测网与ALOHA剖面观测潜标组网

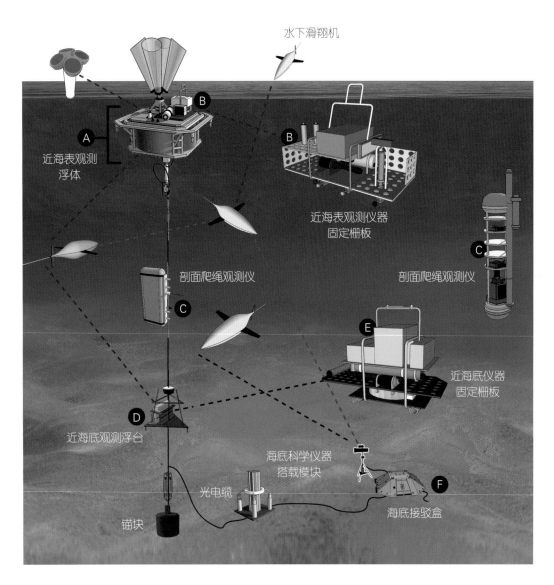

水下滑翔机

A 近海表观测浮体

B 近海表观测仪器固定栅板

剖面爬绳观测仪

C 剖面爬绳观测仪

E 近海底仪器固定栅板

D 近海底观测浮台

海底科学仪器搭载模块

光电缆

锚块

F 海底接驳盒

海底观测网与ALOHA剖面观测潜标组网观测。ALOHA剖面观测潜标，包括近海表观测浮体A、近海表观测仪器固定栅板B、剖面爬绳观测仪C、近海底观测浮台D、近海底仪器固定栅板E及海底接驳盒F。剖面系留缆为光电缆，系统可通过湿插拔将海底观测网与海底接驳盒F连接起来，实现海底观测网为ALOHA剖面观测潜标供电并回传观测数据

实物

海底观测网与RSN Mooring剖面观测潜标组网

　　海底观测网包括3个次级接驳盒和1个主接驳盒，4个接驳盒通过光电缆连接到一起，海底次级接驳盒上搭载的仪器包括摄像机、灯、地震仪、ADCP等。爬绳观测仪连接到系留缆，系留缆最终连接到海底光电缆。200m水深的观测浮体通过2条缆进行系留，并与海底光电缆连接，观测浮体通过绞车、系留缆连接一个近海表观测浮球，浮球上搭载科学仪器，绞车通过收缆和放缆，实现浮球的升降和剖面观测。

海底观测网与RSN Mooring剖面观测潜标进行组网

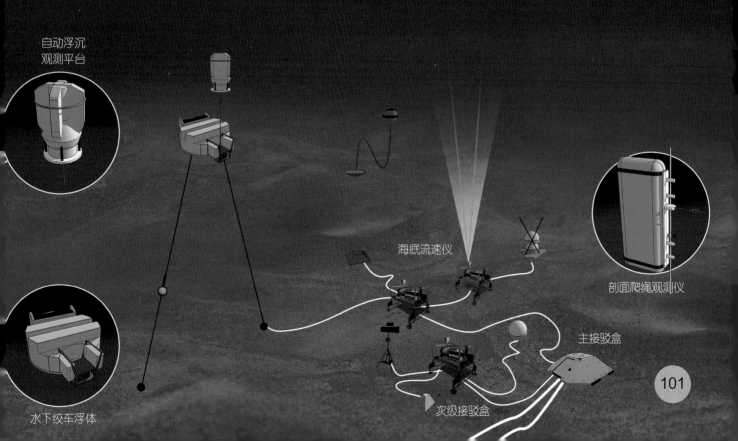

自动浮沉
观测平台

海底流速仪

剖面爬绳观测仪

主接驳盒

水下绞车浮体

次级接驳盒

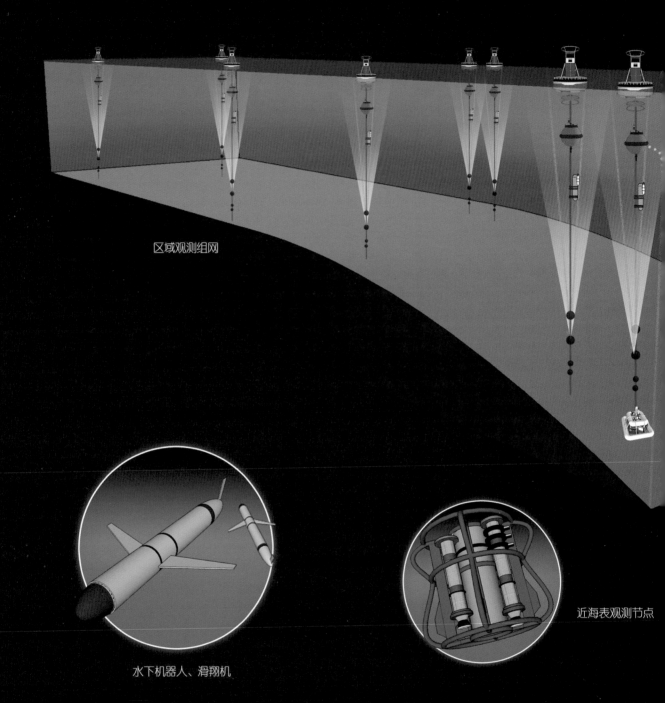

区域观测组网

水下机器人、滑翔机

近海表观测节点

OOI近岸海底观测网

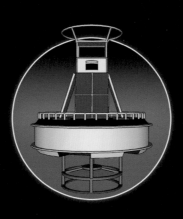

水面浮标

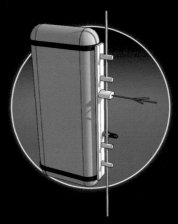

剖面爬绳观测节点

海底观测节点

OOI计划近岸组网观测

　　OOI计划近岸组网观测主要面向近岸从20m水深到460m水深的矩形区域开展长期持续的立体观测。观测平台包括浮标基海洋观测系统、剖面爬绳观测潜标、水下滑翔机等，实现从海底到海表、固定基观测系统、移动观测系统的协同组网观测。观测数据可实时回传至岸基进行数据分析和数据同化，固定基观测系统可持续观测半年到一年以上，系统布放回收方便，集成了可迁移观测系统组网的前沿技术，并进行了关键技术的验证和应用。

OOI海底观测网与固定基观测组网

海底观测网的优势是光电缆可以源源不断地提供能源，光纤可持续传输大量的观测数据，但观测网仅能观测海底，无法对海表和水体进行观测。

OOI海底观测网与上述固定基的浮标、潜标平台进行组网，在光电敷设的路径附近，特别是浅海海域布放多套固定基的独立节点，如传统浮标、浮标基观测系统、剖面观测潜标等，用于补充观测；在深海海域，将剖面爬绳观测系统、剖面观测浮体等与海底观测网进行集成，通过ROV湿插拔将剖面观测平台接入海底观测网中。

该方式实现了以海底观测网为主干网，多种固定基的独立观测节点、可接入的剖面观测节点与海底观测网的集成，实现了从近岸到深海，从装备研发/技术集成到面向科学应用与研究的一体化系统。

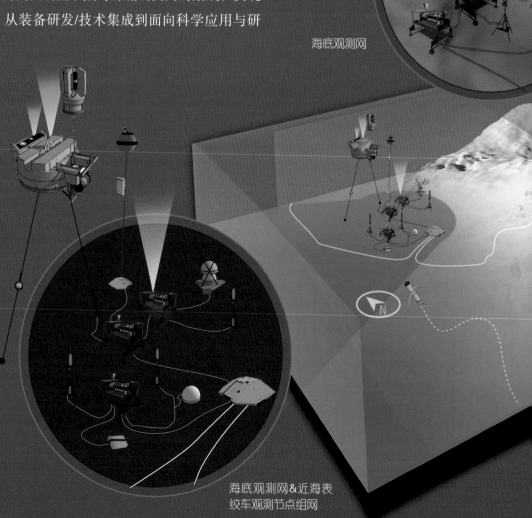

海底观测网

海底观测网&近海表绞车观测节点组网

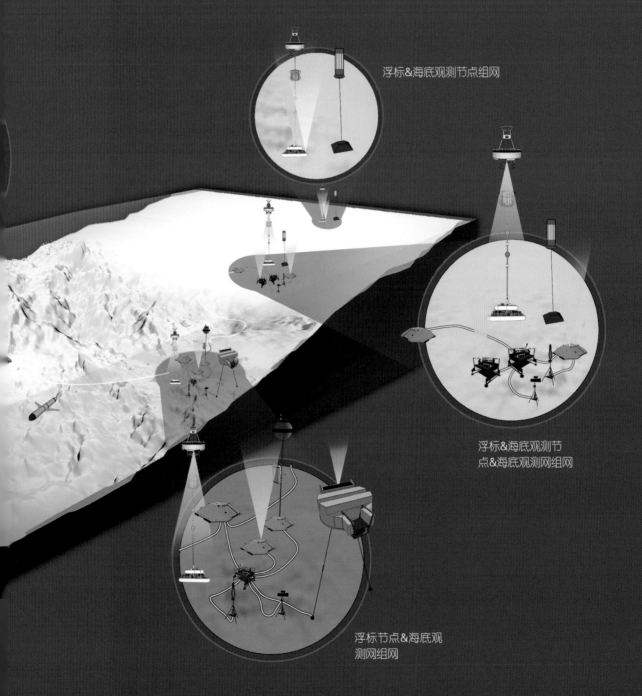

浮标&海底观测节点组网

浮标&海底观测节
点&海底观测网组网

浮标节点&海底观
测网组网

OOI海底观测网与固定基观测组网

参考文献

[1] 冯迎宾. 海底观测网能源供给方法及故障定位技术研究[D]. 北京: 中国科学院大学, 2014.

[2] 王波, 李民, 刘世萱, 等. 海洋资料浮标观测技术应用现状及发展趋势[J]. 仪器仪表学报，2014, 35(11): 2401~2414.

[3] 杨灿军, 张锋, 陈燕虎, 等. 海底观测网接驳盒技术[J]. 机械工程学报, 2015(10): 172~179.

[4] 朱俊江, 孙宗勋, 练树民, 等. 全球有缆海底观测网概述[J]. 热带海洋学报, 2017, 36(3): 20~33.

[5] Andrew Hamilton. Buoy technology[J]. Springer international publishing, 2016.

[6] Andrew M. Clark, Donna M. Kocak, Ken Martindale, Adrian Woodroffe. Numerical Modeling and Hardware-in-the-Loop Simulation of Undersea Networks, Ocean Observatories and Offshore Communications Backbones[C]// OCEANS 2009, MTS/IEEE Biloxi Oct.26~29. 2009.

[7] Andrew M. Moore. The regional ocean modeling system (ROMS) 4-dimensional variational data assimilation systems Part Ⅱ-performance and application to the California Current System[J]. Progress in Oceanography, vol.91, pp: 50~73, 2011.

[8] Arabshahi P, Chao Y, Chien S, et al. A smart sensor web for ocean observation: integrated acoustics, satellite networking, and predictive modeling[J]. IEEE Journal of Selected Topics in Applied Earth Observations and Remote Sensing, vol.3, pp: 507~521, 2011.

[9] Butler. The Hawaii-2 observatory: observation of Nano earthquakes[J]. Seismological Research Letters, 74(3): 290~297, 2003.

[10] Chaffey M, Bird L, Erickson J, et al. MBARI's buoy based seafloor observatory design[C]. OCEANS' 04 MTTS/IEEE, Kobe, 4: 1975~1984, 2004.

[11] Chakridhar Reddy Teeneti. Review of Wireless Charging Systems for Autonomous Underwater Vehicles, 2021[J]. IEEE Journal of Oceanic Engineering, vol.1, pp: 1~20, 2019.

[12] Clark A M, Kocak D M, Martindale K, et al. Numerical modeling and Hardware-in-the-Loop simulation of undersea networks, ocean observatories and offshore communications backbones[C]// Oceans, Mts/ieee Biloxi-marine Technology for Our Future: Global & Local Challenges. IEEE, 2010.

[13] Delaney J R, Heath G R, Howe B, et al. NEPTUNE: real-time ocean and earth sciences at the scale of a tectonic plate[J]. Oceanography, 13(2): 71~79, 2000.

[14] D.M Bailey, A.J Jamieson, P.M Bagley, M.A Collins. Measurement of in situ oxygen consumption of deep-sea fish using an autonomous lander vehicle[J]. Deep Sea Research Part I: Oceanographic Research Papers, vol. 49(8), Issue 8, pp: 1519~1529, 2002.

[15] E. Fiorelli, N. E. Leonard, P. Bhatta, D. Paley, Multi-AUV control and adaptive sampling in Monterey

Bay[C]// In Proc. IEEE Autonomous Underwater Vehicles 2004: Workshop on Multiple AUV Operations (AUV04), pp: 1~14, June, 2004.

[16] Eriksen, C.C., T.J. Osse, R.D. Light, T. Wen, T.W. Lehman, P. L. Sabin,J.W. Ballard, A.M. Chiodi. Seaglider: a long−range autonomous underwater vehicle for oceanographic research[J]. IEEE Journal of Oceanic Engineering, vol.26(4), pp: 424~436, 2001.

[17] Fumin Zhang, Naomi Ehrich Leonard. Cooperative filters and control for cooperative exploration[J]. IEEE Transactions on Automatic Control, IEEE Transactions on Automatic Control, vol.55(3), pp: 650~663, March, 2010.

[18] Fumin Zhang, Naomi Ehrich Leonard. Generating contour plots using multiple sensor platforms[C]// Proc of IEEE Swarm Intelligence Symposium, pp: 309~316, 2005.

[19] Frye D, Hamilton A, Grosenbaugh M, et al. Deepwater mooring designs for ocean observatory science[J]. Marine Technology Society Journal, 38(2): 7~20, 2004.

[20] Giovanni Iannaccone, Sergio Guardato, Maurizio Vassallo, et al. A new multidisciplinary marine monitoring system for the surveillance of Volcanic and seismic areas[J]. Seismological Research Letters, 80: 203~213, 2009.

[21] Haley, Jr., P. J. ; Lermusiaux, P. F. ; Robinson, A. R. ; Leslie, W. G. ; Logoutov, O. ; Cossarini, G. ; Liang, X. S. ; Moreno, P. ; Ramp, S. R. ; Doyle, J. D. ; Bellingham, J. ; Chavez, F. ; Johnston, S. Forecasting and reanalysis in the Monterey Bay/California Current region for the Autonomous Ocean Sampling Network−Ⅱ experiment[J]. Deep Sea Research Part Ⅱ: Topical Studies in Oceanography, vol.56(3~5), pp: 127~148, 2009.

[22] Hardy K, et al. Hadal landers: the DEEPSEA CHALLENGE Ocean Trench Free Vehicles[C]// IEEE Oceans, San Diego, 2013.

[23] Hodges, B. A. , D. M. Fratantoni, A thin layer of phytoplankton observed in the Philippine Sea with a synthetic moored array of autonomous gliders[J]. J. Geophys. Res. , vol.114, 2009.

[24] H. Sekino and A.M. Clark, A Near Real−Time Buoy Telemetry System for Observation of Marine Earthquake and Crustal Movement in Japan, Scientific Submarine Cable Workshop[C]// 3rd International Workshop on Scientific Use of Submarine Cables and Related Technologies, June 25~27, 2003.

[25] Howe B M, Chan T. Power system for the MARS ocean cabled observatory[C]// MARINE INSTITUTE. Proceedings of the scientific submarine cable 2006 conference. Dublin, 2006.

[26] J. Manley,S. Willcox. The Wave Glider: A persistent platform for ocean science[C]// IEEE OCEANS 2010, Sydney, pp: 1~5, 2010.

[27] Jnaneshwar Das, Frédéric Py, Thom Maughan, Monique Messié, John Ryan, Kanna Rajan, and Gaurav S. Sukhatme. Simultaneous Tracking and Sampling of Dynamic Oceanographic Features with Autonomous Underwater Vehicles and Lagrangian Drifters[C]// In 12th International Symposium on Experimental Robotics, 2010.

[28] K.Schneider, C.C.Liu, B.Howe. Topology Error Identification for the NEPTUNE Power Systerm[C]// IEEE Tran On Power Systerms, Vol.20, No.3, Aug 2005, pp: 1224~1232, 2005.

[29] Madawala U K, Stichbury J, Walker S. Contactless power transfer with two—way communication[J]. IEEE Industrial Electronics Society, vol. 3071~3075, 2004.

[30] Matthew D. P. Experiments with the Remus AUV[D]. Master thesis, Naval Postgraduate school, 2004.

[31] M. Chaffey, L. Bird, J. Erickson, et al. MBARI's buoy—based seafloor observatory design[J]. MTS/IEEE Oceans, vol.4: 1975~1984, 2005.

[32] Naomi Ehrich Leonard, Derek Paley, Francois Lekien, Rodolphe Sepulchre, David Fratantoni, Russ Davis. Collective motion, sensor networks, and ocean sampling[J]. Proceedings of the IEEE, special issue on the emerging technology of networked control systems, Number 95, pp: 48~74,2007.

[33] Naomi Ehrich Leonard, Joshua G. Graver, Model—based feedback control of autonomous underwater gliders[J]. IEEE Journal of oceanic engineering, vol. 26(4), pp: 633~645, 2001.

[34] Paul W , Chaffey M , Hamilton A , et al. The use of snubbers as strain limiters in ocean moorings[C]// Oceans. IEEE, Washington, DC, USA 17~23 Sept. 2005.

[35] Person, R., Beranzoli, L., Berndt, C, el al. The European Deep Sea Observatories Network of Excellence ESONET[C]// Proceeding of OCEANS 2007—Europe, June 18~21, 2007, Vancouver, BC, Canada, pp: 1~6, 2007.

[36] Roemmich, D., G.C. Johnson, S. Riser, R. Davis, J. Gilson, W.B. Owens, S.L. Garzoli, C. Schmid,and M. Ignaszewski.. The argo program: observing the global ocean with profiling floats[J]. Oceanography 22(2): 34~43, 2009.

[37] Schmidt, H. AREA: adaptive rapid environmental assessment[M]. Pace, N.G., 1076, Jensen, F.B. (Eds.), Impact of Littoral Environmental Variability on Acoustic 1077, Predictions and Sonar Performance. Kluwer Acad. Pub., Dordrecht, The Nether— 1078 lands, pp: 587~594, 2002.

[38] Schneider, k., Chen—Ching Liu, McGinnis, T., Howe, B. Real—time control and protection of the

NEPTUNE power system[J]. Oceans, vol.3, pp: 1799~1805, 2002.

[39] Shaowei Zhang, Jiancheng Yu, Aiqun Zhang, Fumin Zhang. Spiraling motion of underwater gliders modeling, analysis, and experimental results[J]. Ocean Engineering, vol.60(1): 1~13, 2013.

[40] Sherman, J., R.E. Davis, W.B. Owens, J. Valdes. The autonomous underwater glider Spray[J]. IEEE Journal of Oceanic Engineering, vol.26 (4), pp: 437~446, 2001.

[41] Shinichi, Sakai, Takashi, et al. New compact ocean bottom cabled seismometer system deployed in the Japan Sea [J]. Marine Geophysical Researches, vol. 35(3): 231~242, 2014.

[42] Smith, L.M., J.A. Barth, D.S. Kelley, A. Plueddemann, I. Rodero, G.A. Ulses, M.F. Vardaro, and R. Weller. The ocean observatories initiative[J]. Oceanography, vol. 31(1): 16~35, 2018.

[43] R. Hine, S. Willcox, G. Hine, et al. The wave glider: a wave-powered autonomous marine vehicle[C]// Proceedings of MTS/IEEE Oceans 2009, Biloxi, 2009.

[44] Rudnick D., Eriksen C., Fratantoni D., et al. Underwater gliders for ocean research[J]. Marine Technology society journal, vol.38(1), pp: 48~59, 2004.

[45] Ting Chan, Chen-Ching Liu,Howe, B.M., Kirkham, H. Fault location for the NEPTUNE power system[J]. Power System, vol.22(2), pp: 522~531, 2007.

[46] Trowbridge, J. , Weller, R. , Kelley, D. , Dever, E. , Plueddemann, A. , & Barth, J. A. , et al. The ocean observatories initiative[J]. Frontiers in Marine Science, vol.6: 1~23, 2019.

[47] Wang Ding. Autonomous Underwater Vehicle (AUV) path planning and adaptive on-board routing for adaptive rapid environmental assessment[D]. Phd thesis，Massachusetts Institute of Technology, 2007.

[48] Webb, D.C., P.J. Simonetti, C.P. Jones. SLOCUM: an underwater glider propelled by environmental energy[J]. IEEE Journal of Oceanic Engineering, vol.26(4), pp. 447~452, 2001.

[49] Yanwu Zhang. Tracking and sampling of a phytoplankton patch by an autonomous underwater vehicle in drifting mode[C]// OCEANS'15 MTS/IEEE Washington, pp: 1~5, 2015.

[50] Zierhofer C M, Hochmair E S. High-efficiency coupling-insensitive transcutaneous power and data transmission via an inductive link[J]. IEEE Transactions Biomedical Engineering on, vol.37(7): 716~722, 1990.